国家自然科学基金项目“中国城镇化对水资源利用的影响研究：基于水足迹视角”（项目编号：71764018）

经济管理学术文库·经济类

中国城镇化对水资源利用的影响：

基于水足迹视角

The Impact of Urbanization on Water Resources Utilization in China:
Based on the Perspective of Water Footprint

阚大学　吕连菊／著

图书在版编目（CIP）数据

中国城镇化对水资源利用的影响：基于水足迹视角/阚大学，吕连菊著 .—北京：经济管理出版社，2022.7

ISBN 978-7-5096-8570-9

Ⅰ.①中… Ⅱ.①阚… ②吕… Ⅲ.①城市化进程—影响—水资源利用—研究—中国 Ⅳ.①TV213.9

中国版本图书馆 CIP 数据核字(2022)第 118149 号

组稿编辑：郭 飞
责任编辑：郭 飞
责任印制：黄章平
责任校对：董杉珊

出版发行：经济管理出版社
（北京市海淀区北蜂窝 8 号中雅大厦 A 座 11 层 100038）
网 址：www. E-mp. com. cn
电 话：(010) 51915602
印 刷：唐山玺诚印务有限公司
经 销：新华书店
开 本：720mm×1000mm/16
印 张：12
字 数：216 千字
版 次：2022 年 9 月第 1 版 2022 年 9 月第 1 次印刷
书 号：ISBN 978-7-5096-8570-9
定 价：88.00 元

前　言

自 1978 年以来，中国城镇化取得了显著成绩，城镇化率大幅提升。伴随城镇化的进程，中国用水总量也大幅增加，水资源短缺状况加剧，中国有 24 个省份都处于水资源短缺状态，建制市中缺水城市达 400 多个。同时，中国水污染问题日益突出，浅层地下水资源污染比较普遍，浅层地下水综合质量整体较差，这使水资源供需矛盾更加严重，不利于新型城镇化进程的推进和水资源的可持续利用。目前，中国正处于城镇化进程的快速推进时期，水资源消耗巨大，水资源供需矛盾使中国城镇化面临着严峻的挑战，结合发达国家城镇化发展经验，以及城镇化固有发展规律和中国国情，未来一二十年，城镇化将依然保持高速发展，这使已经出现的水资源供需矛盾将日益突出。那么，如何在城镇化进程下更加有效合理地利用水资源显然是一个值得思考和极具现实意义的问题。

本书基于水足迹视角来研究中国城镇化进程对水资源利用量及结构、水资源利用效率、水资源安全和水资源可持续利用的动态影响，并基于水足迹视角预测中国 2025~2050 年城镇化进程中的水资源利用量及结构、水资源利用效率、水资源安全和水资源可持续利用情况。

本书有助于拓展城镇化和水足迹理论及实证研究，为政府实现城镇化与水资源利用之间的协调发展提供决策参考；有利于在推进新型城镇化进程中实现水资源节约，并制定以提高水资源利用效率，优化水资源利用结构，保障水资源安全，促进水资源可持续利用为目的，以水足迹各项指标为落脚点的短期措施与长期战略。

目　录

第1章　绪论

1.1　研究意义

自1978年以来，中国常住人口城镇化率从不足18%提高到了2018年的59.58%，城镇化水平显著提高。与此同时，中国用水总量大幅增加，2018年为6015.5亿立方米，人均综合用水量为432立方米，与2017年相比均有所下降，但相对改革开放初期的4437亿立方米增加了1578.5亿立方米。目前中国可开发利用的水资源量占水资源总量不足40%，人均水资源也只有世界平均水平的25%，中国只有江西、福建等7个省域水资源不短缺，北京、天津等其他24个省域的水资源均处于短缺状态。且中国存在较为严重的水污染问题，这使城镇化进程中的水资源供需矛盾更加突出，水资源短缺已成为制约新型城镇化推进的瓶颈之一。2018年，中国达不到饮用水源标准的Ⅳ类至劣Ⅴ类水体在河流、湖泊、省界水体中占比分别高达25.8%、33.3%、30.1%，在1935个全国地表水水质断面（点位）检测中，Ⅳ类至劣Ⅴ类占比29%，在10168个国家级地下水水质监测点中，Ⅳ类至Ⅴ类占比86.2%，全国2833处浅层地下水监测井水质总体也较差，Ⅳ类至Ⅴ类占76.1%。同时酸雨导致水质进一步被破坏，2018年全国酸雨区面积约为53万平方千米，占国土面积的5.5%①。而中国城市供水以地表水或地下水为主，或者两种水源混合使用，由于一些地区长期透支地下水，导致出现区域地下水位下降，形成区域地下水降落漏斗，这显然不利于我国新型城镇化进程推

① 资料来源：《2018中国生态环境状况公报》。

进和水资源可持续利用。

目前，中国正处于城镇化进程的快速推进时期，水资源消耗巨大，水资源需求和供给的矛盾使中国城镇化面临严峻挑战，已成为中国城镇化发展的瓶颈之一。而中国2018年的城镇化率才59.58%，户籍人口城镇化率不到44%，结合世界其他发达国家城镇化发展经验以及城镇化固有发展规律和中国国情，未来一二十年内城镇化将依然保持高速发展，这使已经出现的水资源供需矛盾更加日益突出。如何在城镇化进程下更加有效合理地利用水资源显然是我国政府亟待解决的问题之一。为此，2011年中央一号文件首次聚焦水资源管理，明确提出随着工业化和城镇化地深入发展，要强化水资源节约保护工作，并从战略和全局高度出发，确立了在未来一段时间的全国用水总量和用水效率等三条红线。因此，探讨中国城镇化与水资源利用的动态关系，对于提高水资源利用效率、优化水资源利用结构、保障水资源安全、促进水资源可持续利用，进而推进新型城镇化，实现城镇可持续发展，是一个值得思考和极具现实意义的问题。

本书在评估城镇化和测度基于水足迹视角的水资源利用情况上，分析两者之间的协调度与动态关系，探讨中国城镇化对水资源利用的影响机理，以期对将来城镇化进程与基于水足迹测度的水资源利用量及结构、水资源利用效率、水资源安全和水资源可持续利用情况做出准确的预测。

本书的理论意义在于：①从城镇化对水资源利用影响的正反作用机理两方面建立一个综合理论框架对城镇化对水资源利用量及结构、水资源利用效率、水资源安全和水资源可持续利用的影响进行系统全面分析，有助于拓展现有文献的理论分析结论，充实水足迹理论以及完善城镇化理论的研究内容。②为中国新型城镇化进程中提高水资源利用效率、优化水资源利用结构、保障水资源安全、促进水资源可持续利用的制度设计提供新的理论基础，为中国实现以人为本的新型城镇化提供新的理论依据。

本书的现实意义在于：①有助于在当前大力推进新型城镇化时期，及时出台各项有针对性的政策措施，实现更高质量的新型城镇化，进而落实新型城镇化发展战略。②在推进新型城镇化进程中实现水资源节约，实现城镇化与水资源利用之间的协调发展。③据此制定以提高水资源利用效率、优化水资源利用结构、保障水资源安全、促进水资源可持续利用为目的，以水足迹各项指标为落脚点的短期措施与长期战略。可见，本书有着重要的现实指导意义。

1.2 国内外研究现状

1.2.1 城镇化对水资源利用的影响：未基于水足迹视角

学术界关于城镇化对水资源利用影响的研究成果较为丰硕。许有鹏等（2007）、王一秋等（2008）、王小军等（2008）、邱国玉和张清涛（2010）、郝晋伟和冯金（2011）、Bao 和 Fang（2012）、Wu 和 Tan（2012）、李静芝等（2013）、Zhang 和 Wang（2015）分别以长江三角洲、南京、榆林、深圳、咸阳、中国、山东、洞庭湖区域、重庆为例，分析了城镇化进程中水资源需求、用水量及结构、水污染等的变化情况，但并未就城镇化与水资源利用指标进行计量回归分析。曾晓燕等（2005）、鲍超和方创琳（2006）、冯兰刚和都沁军（2009）、周笑非（2011）、李华等（2012）、窦燕（2013）、晁增福等（2013）、李恒义（2013）、杨亮和丁金宏（2014）、张晓晓等（2015）、马远（2016）、吕素冰等（2016）分别以成都、河西走廊地区、河北、呼和浩特、西安、乌鲁木齐、阿克苏地区、海河流域、太湖流域、宁夏、新疆、中原城市群为样本，对城镇化水平与水资源利用关系进行了定量研究。当前，部分学者在研究城镇化与水资源环境耦合关系以及城镇化对水资源脆弱性影响时，也对城镇化与水资源消耗的关系进行了分析，如高翔等（2010）、李娜等（2010）、Srinivasan 等（2013）、Buhaug 和 Urdal（2013）、张胜武等（2013）、蒋元勇等（2014）、杨雪梅等（2014）、王吉苹和薛雄志（2014）、熊东旭和陈荣（2015）、尹风雨等（2016）的研究，但上述这些实证分析均是局限于单个地区、流域和城市。马海良等（2014）则利用 Granger 因果检验实证探讨了中国城镇化率分别与用水总量、水资源利用效率、用水结构之间的关系，并预测2020年城镇化率达60%时的中国水资源利用情况，但研究仅是利用时间序列数据，未纳入其他控制变量，且未考虑城镇化与水资源利用之间的内生性问题，即水资源对城镇化进程的约束作用，也尚未对中国分地区和分城市进行研究。综上所述，现有文献并未基于水足迹视角来研究城镇化对水资源利用的影响。

1.2.2 水资源利用以及水足迹的影响因素：未纳入城镇化这一因素

关于水资源利用的影响因素分析，主要有丁文广和卜红梅（2008）、张金萍和郭兵托（2010）、于法稳（2010）、钱文婧和贺灿飞（2011）、马海良等（2012）、Giacomoni 等（2013）、夏莲等（2013）、Tu（2013）、杨骞和刘华军（2015）、沈家耀和张玲玲（2016）的研究。至于水足迹的影响因素研究，学术界多是计算分析一国（地区）、省域和城市的水足迹，如郭秀锐等（2003）、吴志峰等（2006）、周文华等（2006）、Zhao 等（2009）、莫明浩等（2009）、项学敏等（2009）、赵红飞和方朝阳（2010）、Zhang 等（2011）、王艳阳等（2011）、王俭等（2012）、Dong 等（2013）、Wang 等（2013）、Vanham 和 Bidoglio（2013）、邓晓军等（2014）、Okadera 等（2014）、Li 和 Chen（2014）、陈智举和唐登勇（2015）、吴兆丹等（2015）、Okadera 等（2015）、Yoo 等（2015）、Ge 等（2016）、雷玉桃和苏莉（2016）、连素兰等（2016）、王奕淇和李国平（2016）、单纯宇和王素芬（2016）对广州、北京、上海、中国、洪湖、大连、郑州、沈阳、辽宁、欧盟、重庆、长江流域、澳门、南京、韩国、海河流域、渭河流域、福建等国家（地区）的水足迹分别进行了测算分析。段佩利和秦丽杰（2015）、段青松等（2016）、孙世坤等（2016）、Casolani 等（2016）、Castellanos 等（2016）、徐鹏程和张兴奇（2016）、Lovarelli 等（2016）则计算分析了玉米、小麦、瓜类等农作物的水足迹。

学术界关于水足迹的影响因素研究不多，主要包括以下两方面：

一方面是以其他国家（地区）水足迹为研究对象。主要文献有：Bocchiola 等（2013）实证研究了气候变化对意大利玉米生产水足迹的影响；Fulton 等（2014）实证分析了政策变化对加利福尼亚州水足迹的影响；Chenoweth 等（2014）实证研究了人力资本对水足迹的影响；Almulali 等（2016）实证发现 GDP、贸易开放度和可再生能源生产导致了水足迹增加；Miglietla 等（2016）实证研究了国民总收入对人均水足迹的影响，发现两者呈非线性关系；Ali 等（2016）分析了采水技术对苏丹西部高粱生产水足迹的影响；Miguel 等（2016）则实证研究了亚马逊地区农业扩张对水足迹的影响。

另一方面是以中国水足迹为研究对象。对全国水足迹影响因素进行研究的文献有：龙爱华等（2006）、奚旭等（2014）分别运用 STIRPAT 模型和 IPAT-LMDI 模型实证研究了人口、富裕程度和技术等对中国水足迹的影响；孙才志等（2013）实证发现区域发展策略、经济发展水平和市场发育程度是中国区域水足

迹强度差异的原因；王晓萌等（2014）基于产业部门数据分析了节水技术、节水管理政策、产业间经济联系、经济发展、贸易结构和贸易总量对中国水足迹的影响；赵良仕等（2014）实证分析发现人均GDP、人均水足迹、工业水足迹强度、教育经费比重、外商直接投资、市场化程度均在不同程度上影响着区域水足迹强度的收敛；Zhao等（2014）基于STIRPAT扩展模型检验了人口、富裕程度和饮食结构等对中国农业部门水足迹的影响；方伟成等（2015）分析了中国水资源生态足迹的影响因素，结果发现经济效应、结构效应和人口效应是水资源生态足迹增长的推动因素，技术效应抑制了水资源生态足迹增长；孙世坤等（2015）实证发现农业生产水平和气候条件因素造成了小麦生产水足迹空间差异；Yang等（2016）对中国水足迹影响因素分解发现消费水平是水资源利用增长的主导因素；Zhuo等（2016）则实证研究了国内消费、生产、贸易和气候对农作物水足迹的影响。

分析流域或地区水足迹影响因素的文献有：Zhi等（2014）实证发现技术效应是减少海河流域水足迹的主要因素，但经济结构效应和规模效应导致该流域水足迹增长较快，致使海河流域总水足迹增加；Xu等（2015）基于LMDI法实证发现结构和技术效应均减少了北京农作物水足迹，人口因素和生产规模效应则促进了水足迹的增加；Yang等（2015）研究发现对北京水足迹影响最大的是技术效应，其次是消费水平、人口因素和结构效应；Zhang等（2015）实证研究了气候变化对滇池流域农产品水足迹的影响；孙世坤等（2016）以河套灌区为研究区域，实证研究发现气候、农业生产资料投入和水资源利用效率是影响作物生产水足迹的主要因素。

可见，部分学者已经关注到了人口因素对水资源利用与水足迹的影响，但并未从城镇化角度去研究，人口因素仅是测度城镇化进程的指标之一，此外，上述文献只停留在水足迹及其强度的影响因素研究上。

1.2.3 现有文献述评

在研究视角上，学术界未基于水足迹视角研究城镇化对水资源利用的影响，在对水资源利用以及水足迹的影响因素研究时又未纳入城镇化这一因素。赵卫等（2008）利用1994~2003年的时序数据在对吉林城镇化对生态足迹的影响研究中实证分析了城镇化对水生态足迹的影响，但其水足迹是将水资源相关消耗折算成水域面积，而非水资源量。Hoekstra（2003）将水足迹定义为任何已知人口在一定时间内生产和消费的所有产品和服务所需要的水资源数量，这是一个从虚拟水基础产生的概念（Dong等，2014；Zhang和Anadon，2014）。本书基于水足迹的视角关注城镇化对水资源利用的影响。

在研究内容与研究范围上，赵卫等（2008）的研究局限于吉林城镇化对水生态足迹及其承载力与盈亏的影响，未涉及对水足迹效益、水资源安全和水资源可持续利用及其预测等方面的研究。与本书最紧密相关的文献是于强等（2014）基于2001~2012年的时序数据，利用相关性分析和回归分析法研究了河北省城镇化对水足迹的影响。显然其研究范围局限于河北，只关注的是城镇化对水足迹及其承载力与盈亏的影响，研究并不全面。

在研究技术层面，目前研究未考虑到城镇化和水足迹的区域空间溢出效应与空间异质性，对城镇化与水资源利用的动态影响显然研究不足。

本书将弥补上述不足，丰富现有文献，基于水足迹视角来研究中国城镇化进程对水资源利用量及结构、水资源利用效率、水资源安全和水资源可持续利用的动态影响，并基于水足迹视角预测中国2025~2050年城镇化进程下的水资源利用量及结构、水资源利用效率、水资源安全和水资源可持续利用情况，同时进一步分地区和分城市类型进行研究。

1.3 主要内容

本书的研究内容如下：

第1章是绪论。包括：研究意义；国内外研究现状；主要内容；研究方法和技术路线；拟解决的关键问题；创新之处。

第2章是城镇化对水资源利用影响的理论分析。目前关于城镇化对水资源利用影响的机理还缺少系统完整的理论分析。本书在众多现有文献基础上进行归纳总结，从正面作用机理和负面作用机理两方面试图建立一个综合理论框架对城镇化对水资源利用的影响进行系统分析，为后续实证研究奠定理论基础。城镇化对水资源利用具有双向作用，这正是现有实证文献结论不一致甚至相反的重要原因。目前城镇化主要是通过经济规模效应、人口规模效应、投资拉动效应、要素配置和集聚效应、技术进步效应、人力资本积累效应、产业结构效应等指标对水资源利用产生影响。

第3章是城镇化和水资源利用的协调性分析。具体内容包括：第一，城镇化和水资源利用指标体系构建。在遵循相关性、动态性、数据可获得性、代表性与

独立性等原则下，前者由人口城镇化、经济城镇化、社会城镇化和空间城镇化四方面具体指标体系构建；后者主要基于水足迹测算模型从水资源利用量、水资源利用效率、水资源安全和水资源可持续利用四方面构建具体指标体系测度。第二，中国城镇化与水资源利用协调性分析。①基于熵变方程法的协调性分析。由于城镇化和水资源利用均是典型的耗散结构，遵循熵变方程，依据城镇化系统的熵变、水资源利用系统的熵变、城镇化与水资源利用耦合系统的熵变对耦合模式分类，结合所计算的中国城镇化水平和水资源利用的变动情况以及相应标准来判断中国城镇化和水资源利用的协调性。②基于状态协调度函数的协调性分析。利用状态协调度函数公式测算中国城镇化与水资源利用的静态与动态协调度，以城镇化水平与水资源利用互为因变量和自变量进行计量回归分别得到城镇化所要求的水资源利用协调值与水资源利用所要求的城镇化协调值，代入状态协调度函数公式求解，进而判断两者协调性。

第4章是城镇化对水资源利用量及结构的影响：地区层面。①测度水足迹。基于生态足迹计算模型，构建水足迹核算模型，并划分为淡水水足迹和水污染足迹。其中，淡水水足迹 EF_1 包括农业用水、工业用水、生活用水、生态环境补水和虚拟水五类水足迹；水污染足迹 EF_2 的计算则是基于污染物吸纳理论基础之上的“灰色水”理论，其计算公式为 $EF_2=b\times F/P_w$，其中，b 表示消纳生产和生活废水至环境可接受的水资源倍数因子，F 表示废水排放总量。则水足迹 $EF=EF_1+EF_2$。②实证分析中国城镇化对水资源利用量及其结构的影响。考虑到城镇化和水资源的空间溢出效应，构建空间动态面板模型，运用空间纠正系统 GMM 法实证分析中国城镇化对水资源利用量及其结构（包括农业用水水足迹、工业用水水足迹、生活用水水足迹、生态环境补水水足迹、虚拟水水足迹、水污染足迹）的影响。

第5章是城镇化对水资源利用量及结构的影响：行业层面。①构建空间动态面板模型，基于省级行业数据，利用系统 GMM 法实证研究中国城镇化对行业水足迹的影响。②进一步实证检验中国城镇化对农业、制造业和服务业水足迹的影响。

第6章是城镇化对水资源利用的非线性影响。PSTR 模型能避免外生分组带来的样本量减小和分组标准武断等不足，能较好地刻画数据的截面异质性，允许回归参数逐步发生变化，同时能有效解决内生性问题。本章基于城市动态面板数据，使用 PSTR 模型实证研究城镇化对水资源利用的非线性影响。

第7章是城镇化对水资源利用效率的影响。①测度水足迹效益。具体水足迹效益指标包括人均水足迹、水足迹强度、水足迹土地密度、水足迹废弃率。②实证分析中国城镇化对水足迹效益的影响。依据国内外学者关于水足迹效益影响因素研究，基于面板数据，以水足迹效益各指标为因变量，城镇化水平为自变量，纳入经济发展水平、产业结构、技术进步、居民消费水平、水资源禀赋、外资等控制变量，运用空间纠正系统 GMM 法实证分析，以获知中国城镇化对水足迹效益的影响。

第 8 章是城镇化水平、速度与质量对水资源利用效率的影响。①借鉴 Zhou 等（2012）的方法，将其他要素对产出的贡献剥离出来，得到水资源投入对产出的贡献，即水资源利用效率；②考虑到空间溢出效应以及变量间的内生性问题，基于城市动态面板数据，使用空间纠正 Sys-GMM 法进行实证检验。

第 9 章是城镇化对水资源安全的影响。首先，基于水足迹构建各项指标从不同角度来测度水资源安全。具体有水资源承载力、水资源进口依赖度、水资源自给率、水资源匮乏指数和水资源压力指数。其次，依据国内外学者关于水资源安全影响因素研究，分别以上述测度水资源安全的各项指标为因变量，纳入水资源禀赋、用水效率、产业结构、消费水平、技术进步、气候因素等控制变量，构建空间动态面板计量模型。最后，判断是空间动态面板滞后模型还是空间动态面板误差模型，并确定空间权重矩阵，运用空间纠正系统 GMM 法分城市类型实证研究。

第 10 章是城镇化对水资源可持续利用的影响。一方面，基于水足迹构建各项指标从不同角度测算水资源可持续利用情况。具体包括水资源生态盈亏指标、水足迹增长指数、可用水资源增长指数、水资源可持续利用指数。另一方面，依据国内外学者关于水资源可持续利用影响因素研究，分别以上述测度水资源可持续利用的各项指标为因变量，纳入水资源禀赋、用水效率、产业结构、消费结构、技术进步、贸易结构、气候因素等控制变量，构建空间动态面板计量模型，运用空间纠正系统 GMM 法实证研究。

第 11 章是城镇化进程中的水资源利用预测。本章首先利用指数平滑、灰色 GM（1，1）模型、PDL 模型、Logistic 模型、回归预测五种单项预测法，以 2000~2019 年中国数据为样本，建立以单项预测法预测精度为诱导值，以倒数误差平方和最小为准则的 IOWHA 组合预测模型。其次基于该模型对城镇化水平的各单项预测值进行加权进而预测 2025~2050 年中国城镇化水平。最后结合上述实证研究城镇化水平对水资源利用影响时估计得到的众多参数，来预测 2025~2050 年城镇化进程下的基于水足迹视角的中国水资源利用量及结构、水资源利用效率、水资源安全和水资源可持续利用情况。

1.4 研究方法和技术路线

本书主要采用理论分析、实证分析和规范分析相结合的研究方法。在定性描述和理论分析的基础上，建立科学严谨的定量模型，然后通过收集相关数据，进行周密的分析，以保证本书的研究结论和政策建议具有高度的科学性和可靠性。

（1）在理论分析部分，运用演绎推理、归纳推理和规范判断的方法，对国内外已有研究成果进行梳理、归纳和总结；并紧密结合中国城镇化进程的阶段现状，提出具有严谨的逻辑性、周密的系统性的城镇化对水资源利用的影响机理，从而为后续的实证研究奠定坚实的理论基础。

（2）在实证分析部分，首先，利用主成分分析法测度了城镇化进程，并基于水足迹核算模型测算水资源利用量、利用效率、水资源安全、水资源可持续利用涉及的水足迹各项指标，进而用主成分分析法测度水资源利用综合情况，运用熵变方程法和状态协调度函数对城镇化对水资源利用的相对协调度、静态协调度和动态协调度进行综合评价。其次，合理构建空间动态面板模型，采用计量经济学中的空间纠正系统 GMM 法克服内生性问题和减少空间权重矩阵设定的影响，实证研究城镇化对中国水资源利用量及结构、水资源利用效率、水资源安全、水资源可持续利用的影响，并在稳健性检验时采用空间权重嵌套矩阵保证结果的可靠性。最后，建立 IOWHA 组合预测模型，运用 Lingo 软件求解模型，精准预测城镇化进程，并结合估计参数可靠地预测 2025～2050 年城镇化进程下的中国水资源利用量及结构、利用效率、水资源安全、水资源可持续利用情况。

（3）在每章的对策建议部分，考虑中国城镇化进程的阶段情况与水资源需求提高、水资源日趋紧张的现实，以理论分析的逻辑结论和实证检验的数量关系为依据，深入探讨城镇化进程与提高水资源利用效率、优化水资源利用结构、保障水资源安全、促进水资源可持续利用相融的对策建议。力求对策建议具有扎实的理论基础、客观的现实依据、科学的数据支撑和明确的政策含义。

在运用上述研究方法的同时，本书遵循“发现问题—理论分析—实证研究—对策”的基本思路来研究。如图 1-1 所示。

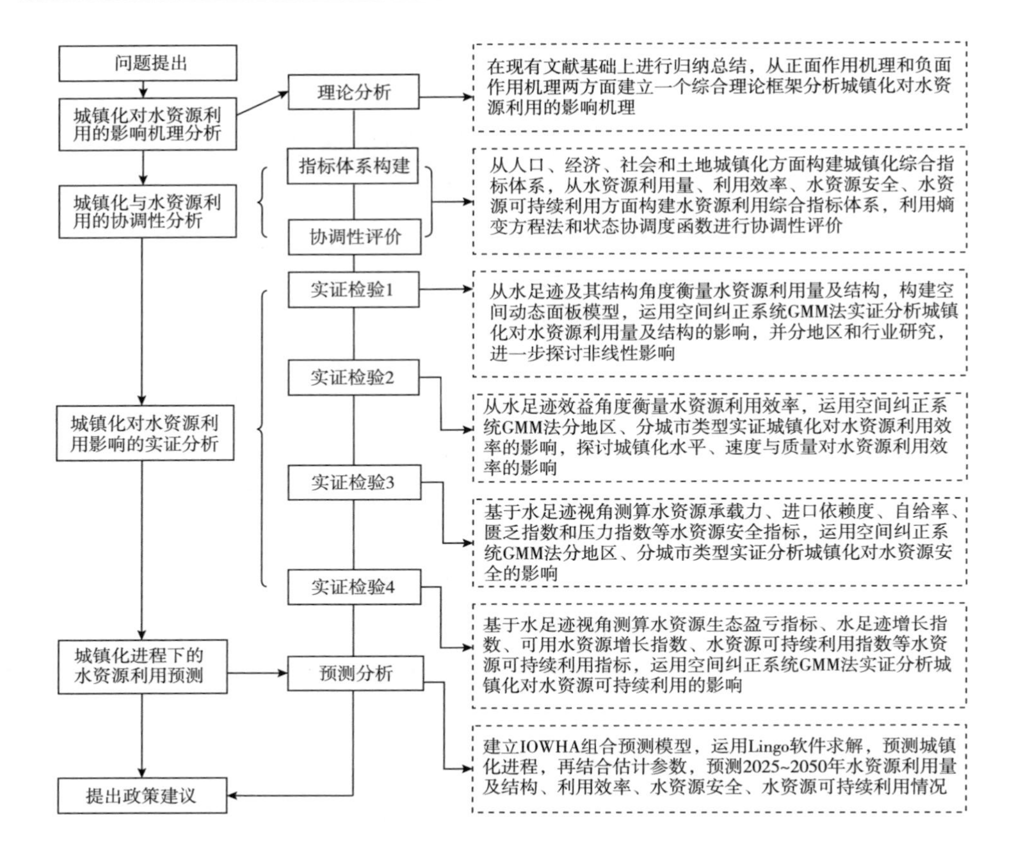

图 1-1　本书的技术路线

1.5　拟解决的关键问题

（1）在测度城镇化进程、水足迹各项指标以及实证分析时均需用到各省各城市众多变量数据，如何获取和修正十分重要，这是实证研究结论可靠性的保证。

（2）在对城镇化和中国水资源利用的协调性进行分析时，其中如何依据城镇化系统、水资源利用系统和城镇化与水资源利用耦合系统的熵变对耦合模式进行分类，并将分类模式纳入所要建立的直角坐标系中，是基于熵变方程法进行协调性评价的关键问题；怎样分别得到城镇化所要求的水资源利用协调值与水资源利用所要求的城镇化协调值，进而计算出城镇化与水资源利用的静态与动态协调度是基于状态协调度函数进行协调性分析的关键所在。

（3）在对中国城镇化对水资源利用量及结构、利用效率、水资源安全、水资源可持续利用影响的实证研究时，一方面，构建空间动态面板数据模型是个关键问题。本书在借鉴 Lesage 和 Pace（2009）构建的广义空间面板模型基础上，结合国内外学者关于水资源利用以及水足迹的影响因素研究建立相应模型。另一方面，对构建的空间动态面板数据模型运用何种方法进行估计也是个关键问题，内生性问题和空间权重矩阵设定均会影响结果的可靠性，本书采用 Jacobs 等（2009）提出的 SCBB 方法克服上述影响进行实证检验。

（4）在对 2025~2050 年城镇化进程下的中国水资源利用情况预测分析时，主要是如何在指数平滑、灰色 GM（1，1）模型、PDL 模型、Logistic 模型、回归预测五种单项预测法基础上，以其对城镇化进程预测精度为诱导值，建立 IOWHA 组合预测模型至关重要。模型构建后，如何求解模型也很关键，本书运用 Lingo 软件计算。

1.6 创新之处

（1）研究视角的独特性：现有文献均是利用用水总量、用水结构、用水效率（单位 GDP 的用水量）来测度水资源利用情况，然后进行实证分析。本书首次基于水足迹这一独特视角来系统研究城镇化对水资源利用的影响。

（2）模型构建的创新性：现有文献在实证分析城镇化对水资源利用的影响时均忽略了城镇化与水资源利用的空间相关性，本书首次构建空间动态面板模型对城镇化对水资源利用的影响进行实证检验。现有文献均是采用单项预测方法预测城镇化进程下的水资源利用量（张乐勤，2016），而单项预测方法对信息提取很可能不全面，本书采用 IOWHA 组合预测模型，尽量捕捉城镇化进程的多方面信息，使基于水足迹核算模型的水资源利用各项指标的预测结果更加可靠。

（3）研究方法的新颖性：一方面，首次运用熵变方程法和状态协调度函数对城镇化对水资源利用的协调性进行综合评价。另一方面，现有文献几乎均是基于时序或截面数据研究，忽视了城镇化与水资源利用对相邻区域的空间溢出效应和用水空间格局变化，且实证时均未考虑内生性问题。本书首次运用 Jacobs 等（2009）提出的空间纠正系统 GMM 估计克服内生性问题和减少空间权重矩阵设定的影响实证分析城镇化对水资源利用的影响。

（4）研究内容的探索性：首先，较为系统地对城镇化对水资源利用的影响机理进行综合分析。其次，基于水足迹核算模型构建和测算衡量水资源利用量及结构、水资源利用效率、水资源安全和水资源可持续利用的多项指标，全面系统实证分析城镇化对水资源利用量及结构、水资源利用效率、水资源安全和水资源可持续利用的影响。最后，同时分地区、分城市类型进一步实证探讨。

第 2 章　城镇化对水资源利用影响的理论分析

2.1　水资源利用的影响因素分析

关于水资源利用的影响因素研究，国内外文献主要探讨了自然层面（气候变化、气候条件、水资源禀赋）、制度层面（政策变化、环境规制、税制）、技术层面（采水技术、水资源循环利用技术、污水处理技术）、人口层面（人口规模、人力资本）、产业层面（农业扩张、产业结构）、经济层面（国民总收入、经济发展水平、消费水平、对外贸易、外商直接投资）的因素对一国（地区）水资源利用的影响。本节主要围绕学术界鲜有探讨的水资源利用的外缘影响因素（宏观层面的对外直接投资）和水资源利用的内在影响因素（微观层面的企业家精神）进行理论分析。

2.1.1　水资源利用的外缘影响因素

归纳梳理现有文献，发现对外直接投资影响水资源利用的机理主要有以下几个方面：

（1）经济规模效应。对外直接投资促进了一国（地区）经济增长，其通过获取关键资源、提高技术水平、扩大国际市场需求，促进出口、增加就业、推动产业结构升级等渠道促进一国（地区）经济规模增加，消耗大量水资源，提高了水资源利用量。

（2）出口增长效应。对外直接投资通过边际产业转移等带动本国机械设备等资本产品和中间产品出口，也通过促进研发创新和提升中间产品进口质量提高了企业出口竞争力，有利于提高企业出口概率，降低企业退出出口市场风险，延长企业出口持续期，进而促进出口增长。由于中国出口增长的产品以耗水较多的劳动密集型产品为主，消耗了大量水资源，导致水资源利用量提高。但由于国际运费、关税壁垒、非关税贸易壁垒等存在，使对外直接投资替代了部分出口，以及企业对外直接投资后在东道国当地生产满足了当地需求而替代原有出口，降低了水资源利用量提高幅度。

（3）技术进步效应。对外直接投资有助于获取东道国先进的研发资源，学习和利用东道国先进技术，通过研发成果逆向反馈，促进母国技术进步；通过海外并购可直接获取被投资企业核心技术，进而内部化，并购整合后可进一步获得东道国企业隐性知识推动技术进步；另外，通过海外并购、设立海外研发机构以及绿地投资等，可以嵌入东道国技术先进和研发水平高的产业链条，通过与其上下游产业产生关联效应促进母国技术水平提升。而技术进步有助于提高企业用水效率，减少用水量，降低水资源利用量。

（4）产业结构效应。对外直接投资通过获取关键资源与先进技术、缓解产能过剩、转移边际产业、扶持新兴产业、上下游产业关联、形成产业集聚、学习效应与竞争示范效应等渠道推动产业结构优化调整，初始提高了二三产业产值，提高了用水总量和用水强度，致使水资源利用量提高，但随着高端制造业和现代服务业比重提高，其将有利于降低水资源利用量强度，减少水资源利用量。

（5）收入效应。对外直接投资的学习效应和逆向技术溢出效应促进了母国技术进步，有利于生产率水平提高，进而提升了母国员工工资，尤其是母国技术进步提高了高技能劳动力需求，提升了这部分人的收入，同时对外直接投资有助于充分利用国际市场，实现规模经济，提升盈利水平，提高母国员工收入。收入水平提高促进了居民消费结构升级和消费方式转变，使人们逐步树立健康消费理念，增加了低热量、低脂肪和低糖的水稻、豆类、薯类、青稞、蚕豆、小麦等耗水较少农产品的需求，减少了耗水较多肉类农产品的需求[①]，增加了耗水较少的中高端制造品和现代服务的需求，减少了耗水较多的低端制造品和传统服务的需求，进而降低了水资源利用量。但海外投资以劳动密集型生产为主的企业由于国际市场上竞争激烈和自身议价能力较弱，易遭受俘获效应，不利于母国低技能劳

① 依据现有研究，生产 1 千克肉需要 10000~15000 千克水（其有效使用率低于 0.01%），生产 1 千克谷类只需 400~3000 千克水，约为生产肉类所需用水的 5%。

动者收入提高，且部分海外投资企业是为了降低劳动力成本，提升国际竞争力，这也会导致母国员工谈判能力削弱，抑制收入提高。这制约了消费结构升级、消费理念和消费方式转变，抑制了水资源利用量降低。

（6）环境污染效应。对外直接投资促进了非集约型经济增长，使劳动密集型产品出口规模增加，产生了水污染，提高了水资源利用量；而对外直接投资使一些高污染的行业濒临淘汰，转移到相对落后的国家，减少了水污染。对外直接投资的技术进步效应和产业结构升级效应也有助于减少水污染，降低水资源利用量，对外直接投资的收入效应带来的消费结构升级、消费理念和消费方式转变、人口素质提高有助于减少水污染强度，降低水资源利用量。

（7）国内投资效应。短期而言，在一国资本总量有限情况下，对外直接投资降低了国内可贷资金，导致资本市场利率上升，挤出了国内投资，同时对外直接投资的出口替代效应也会减少国内投资。但长期来看，对外直接投资会通过关联效应和外溢效应促进国内投资增加，其丰富了国内资本投资渠道，促进了国内资本配置效率提高，对外直接投资的收益汇回重新转化为资本投资到国内。长期而言，国内投资增加，致使投资项目在建设过程中和后续运行中消耗大量水资源，提高水资源利用量。

（8）要素配置效应。对外直接投资促进了资本和劳动力等要素跨国流动，在全球范围内优化配置要素，提升了要素配置效率，尤其是对外直接投资有助于转移国内过剩产能，促进了要素有效配置。同时对外直接投资有助于边际产业转移，促使要素由劣势产业流向优势产业，进而改善要素配置。对外直接投资也提高了市场竞争程度，推动要素在企业间重新配置。要素配置效率提高，推动了要素集聚，有利于发挥规模经济效应，同时促进了劳动生产率提高。这些有助于用水效率提升，降低用水强度，减少水资源利用量。

综上所述，对外直接投资对水资源利用的影响尚不能确定，其中对外直接投资提高水资源利用量的渠道为经济规模效应和出口增长效应，降低水资源利用量的渠道为技术进步效应和要素配置效应，对水资源利用量影响不能确定的渠道为产业结构效应、收入效应、环境污染效应和国内投资效应。因此，需实证检验对外直接投资对水资源利用的影响。

2.1.2　水资源利用的内在影响因素

学术界鲜有关于企业家精神对水资源利用影响的机理研究，综合已有文献，企业家精神主要通过以下几个方面影响水资源利用：

（1）经济增长效应。企业家精神有助于一国经济增长及其方式转变，主要是通过增加就业、促进技术创新、提高要素生产效率、诱导制度变迁、发挥“干中学”效应和比较优势、推动产业结构升级等渠道来实现。一国经济规模增长会导致用水总量增加，水资源利用量提高，但当一国经济由粗放型增长向集约型增长转变时会使用水总量下降，水资源利用量降低。

（2）出口规模效应。企业家精神有利于农村劳动力转移到城镇就业，发挥劳动力的比较优势，促进出口集约边际增长。企业家精神也通过促进企业技术水平提高，提升了出口产品技术含量和附加值，提高了出口产品在国际市场上的竞争力，推动了出口拓展边际增长。同时企业家精神有助于在国际市场情况发生变化时，采取措施降低企业在出口市场上的风险，延长企业出口持续时间，促进出口规模增长。如果一国出口增长的产品主要是耗水较多的劳动密集型产品，则出口规模增长会导致用水总量增加，水资源利用量提高。反之，如果一国出口增长的产品主要是耗水较少的技术密集型产品，则水资源利用量下降。

（3）水污染效应。企业家精神的培植有助于一国企业数量和企业规模增加，产生水污染，导致水资源利用量提高，但企业家精神也有助于促进企业技术进步，产品更新升级，使单位产品污水排放量下降，水污染减少，水资源利用量降低；同时企业家精神有助于企业履行社会责任，落实环境规制要求，减少污水排放，降低水资源利用量；企业家精神还有利于增加就业，提高居民收入，促进人们消费结构升级、消费理念和消费方式转变，进而降低水污染强度，减少水资源利用量。

（4）要素配置效应。企业家精神有助于缓解资本、劳动力、资源等生产要素配置扭曲状况，促进要素在地区间和企业间流动，提高生产要素配置效率；企业家精神也有助于在国内外市场情况发生变化时适时调整企业战略，完善企业组织架构，创新企业经营管理方式，合理有效配置企业资源，减少资源错配，进而提高要素配置效率。要素配置效率提高，有利于发挥规模经济效应，提升水资源利用效率，降低产品用水强度，减少水资源利用量。

（5）技术进步效应。企业家精神既有利于增加企业研发投入，促进技术创新；也有利于加大企业员工的教育培训投入，提高员工的学习能力和企业人力资本水平，促进技术进步；同时企业家精神存在知识溢出效应，有利于技术扩散，技术水平的螺旋式上升。而技术进步有助于提高企业用水效率，减少用水总量，降低水资源利用量。

（6）产业集聚效应。企业家精神有助于提高员工的技能、知识与经验，增

加员工自我雇佣概率，促进新建企业产业集聚；企业家精神提高了管理者的社会资本，如增加了管理纽带的利用、信用和团队精神等，促使企业家精神引导产业集聚的专业化市场能力发展，推动产业集聚；企业家精神有助于员工经验学习、感应学习和创建子公司，促进产业集聚；企业家精神可以防止和拯救集聚产业链的中断，以及可使集聚产业链在经济危机中产生稳健性优化，这均有助于产业集聚水平的提高。而产业集聚通过规模经济效应、交易成本效应、竞争合作效应、技术进步效应等有助于企业用水效率提高，降低水资源利用量。

（7）产业结构效应。企业家精神一开始有助于二三产业企业数量增加，提高二三产业在国民经济中的比重，虽然优化产业间资源配置，推动产业结构合理化，但提升了用水总量和用水强度，致使水资源利用量提高；但企业家精神水平的提高会进一步有助于以劳动密集型产业为主的低级产业结构向以知识技术密集型产业为主的高级产业结构的调整和转变，推动产业结构高级化，随着知识技术密集型产业比重提高，用水总量和用水强度会降低，水资源利用量因此下降。

综上所述，企业家精神通过经济增长效应、出口规模效应、水污染效应和产业结构效应对水资源利用的影响不确定，通过要素配置效应、技术进步效应和产业集聚效应有利于水资源利用量降低。

2.2 城镇化影响水资源利用的基本思路

国内外学者关于水资源利用的影响因素研究较为深入，为理解城镇化对水资源利用的影响提供了丰富深刻的见解，为本书奠定了坚实基础。这些成果对本书或是给出了价值所在，或是提供了理论借鉴，或是形成了逻辑起点，这无疑是重要和必须的。但在研究内容上，关于城镇化对水资源利用的影响机理分析较为零散，关于城镇化对水资源利用影响的机理还缺少系统完整的理论分析。本章在现有文献基础上进行归纳总结，从正面作用机理和负面作用机理两方面试图建立一个综合理论框架对城镇化对水资源利用的影响进行系统分析，为后续实证研究奠定理论基础。

城镇化对水资源利用具有双向作用，这正是现有实证文献结论不一致甚至相反的重要原因。目前，城镇化主要通过以下几个方面影响水资源利用。

（1）经济规模效应。城镇化是经济发展的重要因素之一，其通过拉动内需等渠道促进一国（地区）经济规模增加，消耗大量水资源。

（2）人口规模效应。城镇化吸纳了大量人口，导致城镇人口快速增加，推动家庭用水设备普及、公共市政设施与服务业发展，导致水资源利用总量增加，产生大量水污染，但城镇化有助于人口素质提高，推进城市文明，节约水资源利用和减少水污染强度，保障水资源安全。

（3）投资拉动效应。城镇化带动了交通、道路、建筑等城市基础设施建设方面的固定资产投资，在建设过程中和后续的项目运行中会利用大量的水资源，但公共投资的供水设施、节水设施、排水设施、污水处理设施等由于城镇化而被更多企业和居民分享，有助于提高水资源利用效率，减少水污染强度，保障水资源安全。

（4）要素配置和集聚效应。城镇化有助于要素重新配置和形成要素集聚，产生规模经济，进而提高水资源利用效率，降低水资源消耗强度，减少水资源利用。

（5）技术进步效应。城镇化有助于降低技术进步成本，推动节水和水污染控制技术在内的各项技术外溢和扩散，有助于减少水资源利用，提高水资源利用效率，保障水资源安全。

（6）人力资本积累效应。城镇化有助于转移人口接受更好的教育培训和医疗，打破劳动力市场二元结构，促进人力资本提高及优化配置，提高生产率，降低水资源利用强度，减少水资源利用量。

（7）产业结构效应。城镇化有助于产业结构升级，起初促进劳动密集型的第二产业和传统服务业发展，提高水资源利用总量和强度，但随着资本技术密集型的第二产业和现代服务业快速发展，有利于降低水资源利用量及其强度，从而优化水资源利用结构。

总之，城镇化主要是通过经济规模效应、人口规模效应、投资拉动效应、要素配置和集聚效应、技术进步效应、人力资本积累效应、产业结构效应等对水资源利用产生影响。即城镇化主要是通过经济规模效应和人口规模效应提高了水资源利用量，通过要素集聚效应、技术进步效应和人力资本积累效应减少了水资源利用量，通过投资拉动效应和产业结构效应对水资源利用产生的影响不确定。

第3章　城镇化和水资源利用的协调性分析

如何更加有效合理地利用水资源是推进新型城镇化不可回避的问题之一。因此，分析研究城镇化和水资源利用的协调性有助于了解我国城镇化与水资源利用现状，对我国推进新型城镇化进程，缓解水资源供需矛盾，促进两者协调发展具有重要意义。

目前学术界研究主要集中于城镇化对水资源利用的影响，主要分析了城镇化进程下水资源需求、用水量及结构、水污染等变化情况。部分学者分别以西安、阿克苏地区、海河流域、太湖流域、宁夏、新疆、中原城市群、我国城市为样本，对城镇化水平与水资源利用关系进行了定量研究。与本章最为紧密相关的文献则是部分学者对于城镇化与水资源环境耦合关系的探讨，主要是构建耦合模型，分别以河西走廊、甘肃、辽宁沿海经济带、石羊河流域、西北干旱内陆河流域、南昌、西北干旱地区、九龙江、南京、河北、皖江城市带、北京为研究对象较为深入地分析了城镇化与水资源环境的耦合程度，但这些文献研究范围较小，均是局限于单个地区、流域和城市，在构建水资源环境指标时，仅考虑了水资源利用量和水资源污染情况，内容并不全面。

本章弥补上述不足，基于水足迹视角从水资源利用量、水资源利用效率、水资源安全和水资源可持续利用四方面构建水资源利用指标体系，基于熵变方程法和状态协调度函数对城镇化和水资源利用的相对协调度、静态与动态协调度进行研究。

3.1　城镇化和水资源利用指标体系构建

首先，对于城镇化指标体系，在遵循相关性、动态性、数据可获得性、代表性与独立性等原则下，借鉴顾朝林（2008）、王德利等（2011）、王洋等（2012）、魏后凯等（2013）、李娟等（2016）所构建的指标体系，分别在人口城镇化、经济城镇化、社会城镇化和空间城镇化4个二级指标体系中，加入户籍人口城镇化率、高新技术产业增加值占规模以上工业增加值比重、社会保险综合参保率和每百户拥有电话数（含移动电话）、环境噪声达标率等三级指标，共计39个指标来测度城镇化。

其次，对于水资源利用指标体系，主要基于水足迹视角从水资源利用量、水资源利用效率、水资源安全和水资源可持续利用4个二级指标方面来测度，具体如表3-1所示。由表3-1可知，水资源利用量主要包括水资源利用总量和人均水资源利用量2个三级指标，分别用水足迹和人均水足迹衡量。水资源利用效率用水足迹效益来衡量，水足迹强度、水足迹土地密度、水足迹废弃率3个内部效益三级指标分别反映了水资源消耗产生的经济效益、空间上耗用的水资源量和清洁利用水资源的能力；水足迹净贸易量、水资源贡献率和水足迹产值兑换率3个外部效益三级指标分别反映本区域在虚拟水贸易中的地位和作用、本区域对其他区域水资源消耗的贡献和本区域在虚拟水贸易中的优势。水资源安全包括水资源承载力、水资源进口依赖度、水资源自给率、水资源匮乏指数和水资源压力指数5个三级指标，其中水资源承载力体现了一定时期区域水资源可持续支持该区域人口、社会和经济发展的能力。水资源可持续利用则包括水资源生态盈亏指数、水足迹增长指数、可用水资源增长指数、水资源可持续利用指数4个三级指标。其中后3个三级指标分别反映了本区域水资源耗用量的变动幅度、水资源可利用量的变动幅度和水资源可持续利用能力强度。

表3-1　水资源利用指标体系

一级指标	二级指标	三级指标	指标测度
水资源利用	水资源利用量	水资源利用总量	用水足迹衡量，水足迹为淡水水足迹（EF_1）与水污染足迹（EF_2）之和①。淡水水足迹公式为 $EF_1=N\times W_f=a_w\times A_i/P_w$，其中，N、$W_f$、$a_w$、$A_i$、$P_w$ 分别为人口总数、人均淡水足迹、水资源均衡因子、某类水资源使用量、全球水资源平均生产能力，水污染足迹则利用基于"灰色水"理论的公式 $EF_2=b\times F/P_w$ 计算，其中b、F分别为水资源倍数因子和废水排放总量
		人均水资源利用量	用人均水足迹衡量，为水足迹/人口数

① 淡水包括农业用水、工业用水、生活用水、生态环境补水和虚拟水五类水，其中虚拟水含量主要参考了Hoekstra（2003）的研究，采用生产树法计算得到。

续表

一级指标	二级指标	三级指标	指标测度
水资源利用	水资源利用效率	水足迹强度	水足迹/GDP
		水足迹土地密度	水足迹/区域面积
		水足迹废弃率	水足迹/区域废水量
		水足迹净贸易量	本地出口虚拟水量-进口虚拟水量
		水资源贡献率	水足迹净贸易值/可用水资源量
		水足迹产值兑换率	单位进口水足迹贸易值/单位出口水足迹贸易值
	水资源安全	水资源承载力	水资源承载力 = $N\times ew = a_w\times r_w\times A_w/P_w$，其中，N、ew、$a_w$、$r_w$、$A_w$、$P_w$ 分别为人口总数、人均水资源承载力、水资源均衡因子、区域水资源产量因子、水资源总量、全球水资源平均生产能力
		水资源进口依赖度	区域外部水足迹/该区域水足迹
		水资源自给率	区域内部水足迹/该区域水足迹
		水资源匮乏指数	区域水足迹/可用水资源量
		水资源压力指数	（区域内部水足迹+本区域出口虚拟水量）/本区域可用水资源量
	水资源可持续利用	水资源生态盈亏指数	区域水足迹-水资源承载力
		水足迹增长指数	（本年水足迹-上年水足迹）/上年水足迹
		可用水资源增长指数	（本年可用水资源量-上年可用水资源量）/上年可用水资源量
		水资源可持续利用指数	水足迹增长指数绝对值/可用水资源增长指数绝对值

资料来源：笔者整理。

上述计算原始数据来源《中国统计年鉴》、《中国水资源公报》、《中国城市统计年鉴》、《中国城市发展报告》、《中国县（市）社会经济统计年鉴》、各地的统计年鉴、水资源公报、水利统计年报、CEIC 中国经济数据库以及中经网。由于选取指标较多，数据量大，采用 Z 得分值法对数据进行标准化处理，以消除数据在量纲和数量级上的差别。同时采用“1-逆向指标”或“1/逆向指标”对逆向指标进行了处理。最后，通过主成分分析法计算得到了城镇化和水资源利用的综合得分。

3.2 基于熵变方程法的协调性分析

3.2.1 熵变方程法

熵变方程为 $ds=d_is+d_es$，其中，ds 表示开放系统的熵变，d_is 表示系统内部不可逆过程引起的熵增，d_es 表示系统与外界交换分子和能量引起的熵增。依据熵增原理，$d_is\geqslant0$，而开放系统中的 d_es 有大于 0、小于 0 和等于 0 三种情况，对应的系统熵变 ds 也就有大于 0、小于 0 和等于 0 三种情况，依次表示开放系统发展无序、有序和处于平稳状态。显然，城镇化和水资源利用系统均是典型的耗散结构，遵循上述熵变方程。本章依据城镇化系统的熵变和水资源利用系统的熵变对城镇化与水资源利用的耦合模式分类，即耦合协调、基本协调、衰退、冲突四类模式，再分析城镇化和水资源利用的协调性。下面先利用计算得到的城镇化综合得分和水资源利用综合得分对城镇化系统熵变和水资源利用系统熵变量化，令 U（t）代表城镇化综合得分，C（t）代表水资源利用综合得分，则有：

$$\triangle U(t)=U(t)-U(t-\triangle t) \tag{3-1}$$

$$\triangle C(t)=C(t)-C(t-\triangle t) \tag{3-2}$$

其中，△U（t）反映城镇化发展变化状况，△C（t）反映水资源利用变化状况。根据两者取值大小，可以判断城镇化与水资源利用的耦合模式，具体如表 3-2 所示。

表 3-2 城镇化与水资源利用的耦合模式分类

城镇化与水资源利用变化状况	耦合模式
$\triangle U(t)\geqslant0$，$\triangle C(t)\geqslant0$	耦合协调
$\triangle U(t)\leqslant0$，$\triangle C(t)\leqslant0$	衰退
$\triangle U(t)>0$，$\triangle C(t)<0$，且 $\|\triangle C(t)/C(t-\triangle t)\|\leqslant\varepsilon$①	基本协调

① ε 为依据实际情况确定的一个小量。

续表

城镇化与水资源利用变化状况	耦合模式
△U（t）<0，△C（t）>0，且｜△U（t）/U（t-△t）｜≤ε	基本协调
△U（t）>0，△C（t）<0，且｜△C（t）/C（t-△t）｜>ε	冲突
△U（t）<0，△C（t）>0，且｜△U（t）/U（t-△t）｜>ε	冲突

资料来源：笔者整理。

3.2.2　我国城镇化与水资源利用的协调性

利用城镇化和水资源利用的综合得分，根据△U（t）、△C（t）、｜△U（t）/U（t-△t）｜、｜△C（t）/C（t-△t）｜值来判断 2007~2016 年我国城镇化与水资源利用的协调性。其中，△t=1，ε=5%，计算结果如表 3-3 所示。

表 3-3　我国城镇化与水资源利用综合得分及其变动

年份	城镇化综合得分	△U（t）	｜△U（t）/U（t-△t）｜	水资源利用综合得分	△C（t）	｜△C（t）/C（t-△t）｜
2006	0.547	—	—	4.876	—	—
2007	0.892	0.345	0.631	4.610	-0.266	0.055
2008	1.175	0.283	0.317	4.332	-0.278	0.060
2009	1.436	0.261	0.222	3.905	-0.427	0.099
2010	1.624	0.188	0.131	3.428	-0.477	0.122
2011	1.749	0.125	0.077	3.001	-0.427	0.125
2012	2.088	0.339	0.194	2.879	-0.122	0.041
2013	2.317	0.229	0.110	2.776	-0.103	0.036
2014	2.843	0.526	0.227	2.652	-0.124	0.045
2015	3.425	0.582	0.205	2.893	0.241	0.091
2016	3.716	0.291	0.085	3.124	0.231	0.080

资料来源：笔者计算。

由表 3-3 可知，①2007~2011 年，△U（t）>0，△C（t）<0，｜△C（t）/C（t-△t）｜>ε，表明这五年在我国城镇化发展的同时，水资源利用情况严重恶

化，我国城镇化与水资源利用耦合趋向冲突。主要是由于我国为了应对 2007 年次贷危机，推出了 4 万亿元的投资计划，加快了城镇化进程，其中 23%的资金投资于基础设施建设等，在建设过程中和后续的项目运行中消耗了大量的水资源，而当时城镇的节水设施、再生水回用设施、污水处理设施较为落后，使城镇节水、再生水利用、雨水回用和污水处理效果不理想，加之水资源管理法规体系不健全，水资源价格形成机制尚未建立，多渠道的水资源循环利用机制没有形成，导致难以依靠制度和市场化机制等去改善水资源利用情况。②2012～2014 年，$\triangle U(t)>0$，$\triangle C(t)<0$，$|\triangle C(t)/C(t-\triangle t)|\leq\varepsilon$，表明这三年在我国城镇化发展的同时，水资源利用情况出现了小幅恶化，两者耦合基本协调。原因可能在于虽然党的十八大报告中提出很多措施来加强城镇化内涵建设，提高城镇化质量，但这些措施效果尚未体现出来，城镇化进程的粗放特征此时依然比较明显，城镇化产生的经济规模效应、人口规模效应、投资拉动效应和外贸外资效应等使得我国水资源利用情况出现了小幅恶化。③2015～2016 年，$\triangle U(t)>0$，$\triangle C(t)>0$，表明我国城镇化与水资源利用系统向着协调方向发展，即在城镇化发展的同时，水资源利用情况趋于改善，两者耦合协调。原因可能在于各级政府部门认真落实党的十八大报告要求，促使“十二五”末我国城镇化质量明显提升，城镇化产生的资源配置和集聚效应、技术进步效应、人力资本积累效应、产业结构升级效应和市场化效应提高了水资源利用效率，促使我国水资源利用情况改善。同时，我国建立健全了水资源管理法规体系，规范和加强了水资源的流域化与区域性管理以及价格管理，水资源价格形成机制初步建立。2015 年底，我国各地水资源费均已按要求调整到位，各地区分地表水和地下水、不同用途分类制定了水资源费征收标准；推进了供水价格改革，建立健全了供水价格形成机制，截至 2016 年底，全国设市城市阶梯水价制度已基本建立，据统计，2015～2016 年全国城市用水人口增长了近 7%，用水总量仅增长 4%。同时污水处理收费制度更加健全，污水处理收费标准更加合理，截至 2016 年底，我国所有省份均已建立污水处理收费制度，设市城市开征率高达 100%，城市污水处理率达 93%，超过 60%的设市城市污水处理费已达到或超过国家规定的最低标准。上述措施促进了我国城镇化进程中的水资源保护和节约，改善了水安全形势，初步形成了节水优先，治污为本，多渠道的水资源循环利用机制。

3.2.3 三类城市城镇化与水资源利用的协调性

将我国城市分为地级以上城市、地级市和县级市，利用上述方法计算，结

果如表3-4所示。由表3-4可知，①2007~2012年，地级以上城市和县级市$\triangle U(t)>0$，$\triangle C(t)<0$，$|\triangle C(t)/C(t-\triangle t)|\leq\varepsilon$，地级市$\triangle U(t)>0$，$\triangle C(t)<0$，$|\triangle C(t)/C(t-\triangle t)|>\varepsilon$，说明这六年地级以上城市和县级市城镇化与水资源利用耦合基本协调，地级市城镇化与水资源利用耦合趋向冲突。原因在于地级以上城市农村人口转移产生的经济规模效应和人口规模效应虽然较大，但其城镇化进程中的固定资产投资质量和外贸外资质量较高，城镇化发展作用于水资源利用量的投资拉动效应和外贸外资效应均不大，且该类城市城镇化发展使要素成本较高，促使耗水较多的劳动密集型行业的低质量外资流出和企业出口转型升级，导致该类城市在城镇化发展的同时，水资源利用情况仅出现了小幅恶化，两者耦合基本协调。县级市城镇化与水资源利用耦合基本协调的原因是该类城市城镇化虽然发展了，但发展速度较慢，并未吸纳较多的转移人口，城镇化作用于水资源利用的经济规模效应、人口规模效应、投资拉动效应、外贸外资效应均较小。而地级市城镇化吸纳了不少转移人口，产生的经济规模效应和人口规模效应较大，同时城镇化进程中的固定资产投资质量不高，外贸外资质量较低，多是生产中耗水较多的中低端产品出口，引进的外资也多进入了耗水较多的传统制造业和传统服务业，城镇化发展产生的经济规模效应、人口规模效应、投资拉动效应、外贸外资效应均较大，加之当时该类城市供水设施、节水设施、排水设施、污水处理设施等较为滞后，使水资源供需矛盾紧张，导致该类城市水资源利用情况严重恶化，城镇化与水资源利用耦合趋向冲突。②2013~2016年，地级以上城市$\triangle U(t)>0$，$\triangle C(t)>0$，地级市和县级市$\triangle U(t)>0$，$\triangle C(t)<0$，$|\triangle C(t)/C(t-\triangle t)|\leq\varepsilon$，说明这四年地级以上城市城镇化与水资源利用系统耦合协调，地级市和县级市城镇化与水资源利用耦合基本协调。前者原因在于地级以上城市注重城镇化内涵建设，城镇化质量明显提高，城镇化促进了经济增长方式由粗放型向集约型转变，城镇化通过资源配置和集聚效应、技术进步效应、人力资本积累效应、产业结构升级效应、市场化效应对水资源利用产生的降低作用大于其通过经济规模效应、人口规模效应、投资拉动效应、外贸外资效应对水资源利用产生的提高作用；且地级以上城市水资源管理法规更为健全，对高耗水行业用水监管较为严格、节水制度实施较顺，节水设施利用率较高、雨水回用处理系统效率较高，再生水利用率较高，也使该类城市在城镇化发展的同时，水资源利用情况改善。后者主要是因为2013年后地级市城镇化发展较快，城镇化质量得到了提高，城镇化对水资源利用的负面效应增加，正面效应降低，虽然该类城市供水价格机制形成，城市阶梯水价制度基本建立，污水处理收费制度更

加健全，但由于该类城市依然没有形成集约型经济增长方式，使城镇化对水资源利用的负面效应依然小于正面效应，导致地级市在城镇化发展的同时，水资源利用情况小幅恶化。至于县级市城镇化与水资源利用耦合状况依然为基本协调，主要是由于该类城市城镇化质量没有明显提高、经济增长方式转变较慢、产业结构升级缓慢所致。

表 3-4　三类城市城镇化与水资源利用综合得分变动

年份	地级以上城市				地级市				县级市			
	$\Delta U(t)$	$\lvert\Delta U(t)/U(t-\Delta t)\rvert$	$\Delta C(t)$	$\lvert\Delta C(t)/C(t-\Delta t)\rvert$	$\Delta U(t)$	$\lvert\Delta U(t)/U(t-\Delta t)\rvert$	$\Delta C(t)$	$\lvert\Delta C(t)/C(t-\Delta t)\rvert$	$\Delta U(t)$	$\lvert\Delta U(t)/U(t-\Delta t)\rvert$	$\Delta C(t)$	$\lvert\Delta C(t)/C(t-\Delta t)\rvert$
2007	0. 230	0. 180	-0. 145	0. 033	0. 251	0. 265	-0. 254	0. 062	0. 139	0. 341	-0. 158	0. 045
2008	0. 239	0. 158	-0. 116	0. 027	0. 184	0. 153	-0. 201	0. 053	0. 102	0. 186	-0. 146	0. 044
2009	0. 254	0. 145	-0. 133	0. 032	0. 207	0. 150	-0. 188	0. 052	0. 115	0. 177	-0. 153	0. 048
2010	0. 348	0. 174	-0. 139	0. 035	0. 134	0. 085	-0. 201	0. 059	0. 075	0. 098	-0. 128	0. 042
2011	0. 429	0. 182	-0. 193	0. 050	0. 075	0. 043	-0. 221	0. 069	0. 041	0. 049	-0. 110	0. 038
2012	0. 520	0. 187	-0. 112	0. 031	0. 265	0. 148	-0. 230	0. 077	0. 148	0. 168	-0. 118	0. 042
2013	0. 719	0. 218	0. 205	0. 058	0. 164	0. 080	-0. 093	0. 034	0. 089	0. 086	-0. 127	0. 047
2014	0. 763	0. 190	0. 486	0. 130	0. 371	0. 167	-0. 108	0. 040	0. 209	0. 187	-0. 083	0. 032
2015	0. 865	0. 181	0. 422	0. 100	0. 424	0. 163	-0. 093	0. 036	0. 234	0. 176	-0. 066	0. 027
2016	1. 033	0. 183	0. 313	0. 067	0. 208	0. 069	-0. 094	0. 038	0. 115	0. 074	-0. 122	0. 050

资料来源：笔者整理。

3. 3　基于状态协调度函数的协调性分析

3. 3. 1　状态协调度函数构建

基于熵变方程法的协调性评价只能判断相对协调度，对于静态与动态协调度难以反映，因此，利用状态协调度函数进一步分析城镇化与水资源利用的静态与

动态协调度。具体公式为：

$$U(i/j) = \exp\left[-\frac{(x_i - x'_i)^2}{s^2}\right] \tag{3-3}$$

其中，U（i/j）表示城镇化系统 i 对水资源利用系统 j 的状态协调系数，x_i 表示城镇化实际值，x'_i 表示水资源利用所要求的城镇化协调值，s^2 表示实际方差。实际值越接近协调值，U（i/j）越大，城镇化对水资源利用的协调度越高。但其还不能反映城镇化与水资源利用相互间的协调度 U（i，j），可利用如下公式得到相互间协调度：

$$U(i, j) = \frac{\min\{U(i/j), U(j/i)\}}{\max\{U(i/j), U(j/i)\}} \tag{3-4}$$

其中，U（i，j）越大，城镇化与水资源利用相互间协调度越高；U（i，j）越小，相互间协调度越低。U（i，j）仅是在某一时刻的城镇化与水资源利用相互间的静态协调度。一般静态协调度取值在 0～1，其中 $0<U(i, j)\leqslant 0.3$，表示城镇化与水资源利用间协调度低，两者不协调；$0.3<U(i, j)\leqslant 0.5$，表示城镇化与水资源利用间基本不协调；$0.5<U(i, j)\leqslant 0.8$，表示城镇化与水资源利用间基本协调；$0.8<U(i, j)<1$，表示城镇化与水资源利用间协调度高，两者协调发展。

由于城镇化与水资源利用是时序动态过程，因而还需计算两者的动态协调度 U（i，j/t），具体公式如下：

$$U\left(i, \frac{j}{t}\right) = \frac{1}{T}\sum_{i=0}^{T-1} U(i, j/(t-i)) \tag{3-5}$$

其中，U（i，j/t）越大，城镇化与水资源利用相互间协调性越好，一般动态协调度取值也在 0～1，如果在两个不同时刻 t_1 和 t_2，$t_1>t_2$，有 $U(i, j/t_1)>U(i, j/t_2)$，则说明城镇化与水资源利用两者一直处于协调发展轨迹中。

3.3.2　我国城镇化与水资源利用的协调性

为了利用上述公式测算我国城镇化与水资源利用的静态与动态协调度，以城镇化与水资源利用综合得分互为因变量和自变量进行计量回归分别得到城镇化所要求的水资源利用协调值与水资源利用所要求的城镇化协调值，代入上述公式求解，进而判断城镇化与水资源利用的协调性。具体结果如表 3-5 所示。

表 3-5 城镇化与水资源利用的静态协调度和动态协调度

年份	全国		地级以上城市		地级市		县级市	
	U（i，j）	U（i，j/t）	U（i，j）	U（i，j/t）	U（i，j）	U（i，j/t）	U（i，j）	U（i，j/t）
2007	0.379	0.368	0.513	0.505	0.359	0.353	0.548	0.535
2008	0.362	0.375	0.517	0.515	0.362	0.360	0.571	0.559
2009	0.295	0.345	0.534	0.521	0.267	0.329	0.542	0.553
2010	0.273	0.327	0.570	0.533	0.285	0.318	0.523	0.546
2011	0.267	0.315	0.627	0.552	0.251	0.305	0.516	0.540
2012	0.529	0.327	0.708	0.578	0.283	0.301	0.553	0.542
2013	0.574	0.383	0.806	0.611	0.564	0.339	0.559	0.544
2014	0.681	0.426	0.825	0.637	0.611	0.373	0.568	0.547
2015	0.754	0.482	0.830	0.659	0.631	0.401	0.587	0.552
2016	0.792	0.553	0.854	0.678	0.649	0.426	0.591	0.556

资料来源：笔者计算。

由表 3-5 可知，一方面，就静态协调度而言，我国城镇化与水资源利用的静态协调度变化波动不大，2007～2011 年两者的静态协调度年平均值为 0.315，说明这段时间城镇化与水资源利用两者基本不协调，城镇化发展导致我国水资源利用情况出现了恶化，水资源供需矛盾突出。其中，2007～2008 年两者的静态协调度均高于 0.3，平均值为 0.371，处于基本不协调状态，2009～2011 年两者的静态协调度则呈现下降趋势，均小于 0.3，平均值仅为 0.278，处于不协调状态。2012～2016 年我国城镇化与水资源利用的静态协调度显著上升，均高于 0.5，达到了基本协调状态，其中，2015～2016 年两者的静态协调度较高，分别为 0.754 和 0.792，几乎要跨越城镇化与水资源利用两者协调发展所要求的 0.8 门槛值，说明城镇化与水资源利用两者将要趋向协调发展。可见，2007～2016 年我国城镇化与水资源利用的静态协调度呈现“基本不协调—基本协调—协调”的发展趋势。另一方面，就动态协调度而言，我国城镇化与水资源利用的动态协调度并不总在协调发展的轨迹上，其中，2007～2008 年和 2012～2016 年两者的动态协调度轨迹大体呈现平稳上升趋势，即 $U(i, j/t_1) > U(i, j/t_2)$，说明此时城镇化与水资源利用的动态协调度处于协调发展轨迹。2009～2011 年两者动态协调度的轨迹则呈现出下降趋势，此时 $U(i, j/t_1) < U(i, j/t_2)$，说明城镇化与水资源利用的动态协调度偏离了协调发展轨迹。

3.3.3　三类城市城镇化与水资源利用的协调性

利用上述公式测算三类城市城镇化与水资源利用的静态与动态协调度。具体结果如表 3-5 所示。一方面，就静态协调度而言，地级以上城市城镇化与水资源利用的静态协调度变化不大，2007~2012 年两者的静态协调度均高于 0.5，说明这段时间地级以上城市城镇化与水资源利用两者基本协调，城镇化发展仅引起该类城市水资源利用情况出现了小幅恶化。2013~2016 年地级以上城市城镇化与水资源利用的静态协调度则均高于 0.8，达到了协调发展状态，说明该类城市城镇化与水资源利用两者处于协调发展状态。可见，2007~2016 年地级以上城市城镇化与水资源利用的静态协调度呈现“基本协调—协调”的发展趋势。对于地级市，2007~2008 年、2009~2012 年和 2013~2016 年这三个时期的城镇化与水资源利用的静态协调度分别高于 0.3、小于 0.3 和高于 0.5，即三个时期分别处于基本不协调、不协调和基本协调状态。可见，2007~2016 年地级市城镇化与水资源利用的静态协调度呈现“基本不协调—不协调—基本协调”的发展趋势。至于县级市，2007~2016 年城镇化与水资源利用的静态协调度波动变化较小，位于 0.5~0.6，说明县级市城镇化与水资源利用两者基本协调。另一方面，就动态协调度而言，2007~2016 年地级以上城市城镇化与水资源利用的 $U(i, j/t_1) > U(i, j/t_2)$，说明两者动态协调度呈现平稳上升过程，该类城市城镇化与水资源利用一直处于协调发展的轨迹上。地级市 2007~2008 年和 2013~2016 年城镇化与水资源利用的 $U(i, j/t_1) > U(i, j/t_2)$，2009~2012 年则为 $U(i, j/t_1) < U(i, j/t_2)$，说明地级市城镇化与水资源利用的动态协调度在 2007~2008 年和 2013~2016 年处于协调发展的轨迹上，2009~2012 年则偏离了协调发展轨迹。县级市 2009~2011 年城镇化与水资源利用的 $U(i, j/t_1) < U(i, j/t_2)$，其他时期两者的 $U(i, j/t_1) > U(i, j/t_2)$，说明该类城市 2009~2011 年城镇化与水资源利用偏离了协调发展轨迹，其他时期则处于协调发展的轨迹上。

3.4　结论与政策建议

本章基于熵变方程法和状态协调度函数实证分析了 2007~2016 年中国城镇化和水资源利用的协调性。基于熵变方程法的测算结果表明，这一时期我国城镇化与水资源利用的协调性呈现“冲突—基本协调—协调”的发展趋势，地级以上城市、地级市和县级市分别呈现“基本协调—协调”、“冲突—基本协调”和“基本协调”的发展趋势。基于状态协调度函数的测算结果表明，2007~2016年我国城镇化与水资源利用的静态协调度呈现“基本不协调—基本协调—协调”的发展趋势，两者的动态协调度并不是总处于协调发展的轨迹上，2009~2011年两者动态协调度偏离了协调发展轨迹；地级以上城市、地级市和县级市城镇化与水资源利用的静态协调度分别呈现“基本协调—协调”、“基本不协调—不协调—基本协调”和“基本协调”的发展趋势。地级以上城市城镇化与水资源利用的动态协调度一直处于协调发展轨迹上，地级市和县级市的动态协调度则分别在2009~2012年和2009~2011年偏离了协调发展轨迹。因此，基于熵变方程法计算的相对协调度与利用状态协调度函数测算的静态协调度结果基本一致。

依据上述结论可知，我国城镇化与水资源利用虽然逼近或处于协调发展状态，但有时还是偏离了协调发展轨迹，三类城市中地级市和县级市城镇化与水资源利用还处于基本协调，尚未达到协调状态，在城镇化发展的同时，水资源利用情况出现了小幅恶化，且两类城市动态协调度曾均偏离过协调发展轨迹。因此，我国尤其是地级市和县级市需要采取措施统筹城镇化发展与水资源利用，一方面，从政治、经济、文化、社会和生态文明五方面积极推进新型城镇化建设，转变粗放型发展模式，走内涵式发展道路，将城镇化进程中的各种要素进行最优组合，以进一步提升城镇化质量，提高水资源利用效率，改善水资源利用情况，使城镇化与水资源利用达到协调发展状态，促使两者动态协调度一直处于协调发展的轨迹上。另一方面，进一步贯彻执行水资源管理法规，完善水资源管理体制，完善水资源价格形成机制以及污水处理收费制度，构建多渠道的水资源循环利用机制，达到城镇化进程中水资源可持续利用。

第4章　城镇化对水资源利用量及结构的影响：地区层面

4.1　研究现状

关于城镇化对水资源利用影响的研究成果较为丰富。现有文献主要分析了城镇化进程中水资源需求、用水量及结构、水污染等变化情况，部分学者在研究城镇化与水资源环境耦合关系时，实证检验了城镇化对水资源消耗的影响，但这些研究均局限于单个地区、流域和城市。马海良等（2014）则利用 Granger 因果检验实证探讨了中国城镇化率分别与用水总量、水资源利用效率、用水结构之间的关系。但该文仅是利用时间序列数据，未纳入其他控制变量，且未考虑城镇化与水资源利用之间的内生性问题，即水资源对城镇化进程的约束作用，也尚未对中国分地区研究。故现有文献并未基于水足迹视角来分析城镇化对水资源利用的影响。

由于城镇化主要是通过经济规模效应和人口规模效应提高了水资源利用量，通过要素集聚效应、技术进步效应和人力资本积累效应减少了水资源利用，通过投资拉动效应和产业结构效应对水资源利用产生的影响不确定。因此，城镇化对水资源利用的影响需要进一步实证检验。

本章将弥补上述不足：①基于整体水足迹视角和空间动态面板数据，构建计量模型，运用空间纠正系统 GMM 法克服城镇化和水资源利用间的内生性问题，分析中国和区域城镇化对水资源利用的影响。②进一步实证分析城镇化对水资源利用结构的影响。

4.2 模型构建、变量测度和数据说明

4.2.1 模型构建

基于国内外相关文献以及 Lesage 和 Pace（2009）的广义空间面板模型，分别以水足迹（EF）和城镇化水平（UR）为因变量和自变量，构建含有控制变量 X（经济规模 ES、产业结构 IS、技术进步 TE、居民收入水平 PI、对外贸易 TR、外资 FI）的空间计量模型：

$$lnEF_{it}=C+\gamma lnEF_{it-1}+\rho WlnEF_{it}+\beta_1 lnUR_{it}+\beta_2 Z_{it}+\lambda X_{it}+\mu_i+\phi_t+\varepsilon_{it} \quad (4-1)$$

$$\varepsilon_{it}=\varphi W\varepsilon_{it}+\upsilon_{it} \quad (4-2)$$

其中，i 表示第 i 个省域，t 表示第 t 年，Z 表示交叉项，具体包括城镇化水平与经济规模（lnUR×lnES）、城镇化水平与人口规模（lnUR×lnPS）、城镇化水平与要素集聚（lnUR×lnFR）、城镇化水平与技术进步（lnUR×lnTE）、城镇化水平与人力资本（lnUR×lnHU）、城镇化水平与投资（lnUR×lnIN）、城镇化水平与产业结构（lnUR×lnIS）七个交叉项。由于水资源利用本身均具有一定的惯性，上一期的水资源利用会影响到其当期水资源利用量，故加入因变量的滞后项。μ、ϕ、ε、W 分别为个体虚拟变量、时间虚拟变量、随机误差项、空间权重矩阵①。

4.2.2 变量测度与数据说明

4.2.2.1 水足迹变量

一方面，基于生态足迹模型来核算淡水水足迹（EF_1）；另一方面，基于“灰色水”理论计算水污染足迹（EF_2），则所需测度的水足迹即为两者之和。淡水水足迹主要采用公式 $EF_1=N\times W_f=a_w\times A_i/P_w$ 得到，水污染足迹则采用公式 $EF_2=b\times F/P_w$ 得到，其中 N、W_f、a_w、A_i、P_w、b、F 分别为人口规模、人均淡水足迹、水资源均衡因子、某类水资源（农业用水、工业用水、生活用水、生态环境补水、虚拟水）使用量、全球水资源平均生产能力、水资源倍数因子、废水排

① 空间权重矩阵采用 0—1 权重矩阵。

放总量。利用淡水水足迹公式也可分别得到每一类水的水足迹，其中虚拟水含量采用生产树法计算得到。相关原始数据源自《中国水资源公报》、各省域统计年鉴、各省域水资源公报和各省域水利统计年报。

4.2.2.2 城镇化水平变量

区别现有大多数文献采用城镇化率来衡量，本章构建 39 个指标综合测度城镇化水平，具体见第 3 章的测度方法。原始数据源自历年的《中国统计年鉴》和各省域统计年鉴。

4.2.2.3 其他变量

本章用 GDP、人口总数、全社会固定资产投资额、劳动生产率来衡量经济规模、人口规模、投资、技术进步①，同时用第三产业产值占 GDP 比重衡量产业结构，其中对 GDP 原始数据按照 GDP 指数折算为 1998 年不变价格②，并对全社会固定资产投资额原始数据按照固定资产投资价格指数折算为 1998 年不变价格，原始数据源自历年的《中国统计年鉴》和各省域统计年鉴。对于人力资本，用平均受教育程度测度③，原始数据源自《中国统计年鉴》和《中国人口统计年鉴》。此外，本章用劳动要素集聚和资本要素集聚的平均值来测度要素集聚，其中某省劳动要素集聚为全国工业总就业人数中该省工业就业人数所占比重/全国总就业人数中该省总就业人数所占比重，同理可得资本要素集聚。居民收入水平则由经过人口加权处理的城镇居民可支配收入与农村人均纯收入之和来衡量，用进出口总额占 GDP 比重、实际利用外资金额占 GDP 比重分别衡量对外贸易和外资④。本章样本时间为 1998~2014 年，共 29 个省域⑤。

---

① 多数文献用政府财政研发投入表示或者利用索洛余值法测算的全要素生产率衡量技术进步，前者很可能低估了中国的技术进步，后者测算方法有诸多前提和假定条件，而中国几乎不具备这些条件，故本章用单位劳动力的 GDP 测度，即劳动生产率衡量技术进步。

② 限于数据可获得性，样本时间从 1998 年开始。

③ 本章未使用高中及以上学历人口占比测度人力资本，原因在于：在理论层面，城镇化通过人力资本积累效应作用于水资源利用，这里的人力资本积累效应并不仅局限于高中及以上学历人口；在实证层面，采用高中及以上学历人口占比仅是在一定程度上测度了人力资本，内容并不全面，用平均受教育程度衡量，能较为全面地测度人力资本。本章采用了高中及以上学历人口占比来衡量人力资本，实证发现并未改变后文中的实证结论，仅是系数大小和显著性有所变化。限于篇幅，后文中未给出相应估计表格，可向笔者索取。

④ 为了消除统计数据中汇率因素的影响，对实际利用外资金额和进出口总额均按当年平均汇率进行换算，再按照各省域 GDP 指数折算为 1998 年不变价格。

⑤ 西藏数据不全，西藏数据排除，并为保持数据口径相对一致，重庆与四川合并。

4.3 实证分析

4.3.1 空间自相关检验

目前，学术界一般使用空间自相关指数 Moran’s I 检验区域变量间的空间相关性。依据国内外大多数学者，在具体测度时采用 0-1 矩阵。检验发现，样本期内城镇化水平和水足迹的 Moran’s I 值均为正值，呈现上升趋势，说明我国省域城镇化水平和水足迹具有明显的正相关关系，两者空间差异呈现出空间集群，这种集群不是随机产生的，而是有规律的，即两者在全局上呈现出空间依赖，城镇化水平较高的省域易和其他较高省域相邻，城镇化水平较低的省域易和其他较低省域接近，水足迹相对较高的省域易和其他较高省域相邻，水足迹相对较低的省域易和其他较低省域接近。

4.3.2 空间动态面板模型选择和相关检验

上述空间自相关指数 Moran’s I 检验结果说明，需利用空间计量模型来实证分析，但估计前，还需依据 LM 和 Robust LM 两类检验统计量显著性来选择空间动态面板模型类型。检验可知，LM（lag）统计量在 1%水平上显著，Robust LM（lag）统计量在 10%水平上显著，可见 LM（lag）统计量更为显著，故选择空间动态面板滞后模型。另外，估计前已经进行了单位根检验、协整检验和多重共线性检验，结果发现变量为 I（1），存在协整关系，多重共线性在合理范围之内。

4.3.3 城镇化对水资源利用量影响的实证结果分析

利用空间纠正系统 GMM 法估计城镇化对水足迹的影响，具体结果如表 4-1 所示。

表 4-1 城镇化对整体水足迹的影响

变量	全国		东部地区		中部地区		西部地区	
	模型 1	模型 2	模型 3	模型 4	模型 5	模型 6	模型 7	模型 8
C	3.7445**	4.0976*	2.7043*	4.9548*	3.2281**	2.5079*	4.4492**	3.1535*

续表

变量	全国		东部地区		中部地区		西部地区	
	模型 1	模型 2	模型 3	模型 4	模型 5	模型 6	模型 7	模型 8
滞后一期的因变量	0.4011*	0.3132*	0.3899**	0.2989*	0.4084*	0.3211*	0.4184**	0.3274**
lnUR	0.1403**	0.1317**	0.0940**	0.0881*	0.1697**	0.1595**	0.1880**	0.1767*
lnES	0.2174**	0.1746**	0.1456**	0.1170**	0.2630*	0.2113*	0.2914**	0.2340*
lnTE	-0.0995*	-0.0739*	-0.1482*	-0.1099*	-0.1082**	-0.0804*	-0.0836**	-0.0622**
lnIS	-0.0533**	-0.0398*	-0.0794*	-0.0598*	-0.0580*	-0.0435*	-0.0447*	-0.0336*
lnPI	0.1048**	0.0773*	-0.0389*	-0.0286*	0.1163**	0.0858**	0.1396*	0.1032*
lnTR	0.0894*	0.0835**	0.0402*	0.0377*	0.1146*	0.1073*	0.1305*	0.1225*
lnFI	0.0417	0.0391	-0.0320*	-0.0302*	0.0546	0.0513	0.0617	0.0580
lnUR×lnES	—	0.0712**	—	0.0477***	—	0.0861**	—	0.0953**
lnUR×lnPS	—	0.0661***	—	0.0445*	—	0.0799**	—	0.0882*
lnUR×lnFR	—	-0.0925**	—	-0.1451**	—	-0.0844*	—	-0.0760*
lnUR×lnTE	—	-0.0523	—	-0.0873*	—	-0.0632	—	-0.0491
lnUR×lnHU	—	-0.1003*	—	-0.1574**	—	-0.0913**	—	-0.0842*
lnUR×lnIN	—	0.0797*	—	0.0532	—	0.0964**	—	0.1068**
lnUR×lnIS	—	-0.0342	—	-0.0571**	—	-0.0411	—	-0.0324
ρ	0.1113**	0.1077**	0.1153**	0.1189*	0.1037**	0.1283*	0.0903**	0.1171*
Wald 检验	1138.2560	943.5263	1234.8934	1183.1116	1323.3682	1054.6157	1174.3196	957.7687
Hansen 检验	0.6749	0.6659	0.7080	0.7162	0.6642	0.6683	0.5889	0.6069

注：*、**和***分别表示在 10%、5%和 1%水平上通过显著性检验。Arellano-Bond AR（1）值均小于 0.01，Arellano-Bond AR（2）值均大于 0.1，无异常。

4.3.3.1　全国层面的实证结果

由表 4-1 可知，在没有纳入交叉项时，模型 1 估计结果显示城镇化水平 lnUR 的回归系数在 5%水平上显著为正，表明当控制其他条件，样本期间内城镇化水平提高了全国水足迹。经济规模 lnES 和居民收入水平 lnPI 的回归系数在 5%水平上也显著为正，说明经济规模和居民收入水平提高也是我国水足迹增加的主要因素；技术进步 lnTE 和产业结构 lnIS 的回归系数分别在 10%和 5%水平上显著为负，表明两者降低了我国水足迹，但两者系数仅为-0.0995 和-0.0533，在模型 2 中也仅为-0.0739 和-0.0398，说明两者对水足迹的降低作用较小，我国技术进步存在水资源回弹效应和经济增长效应；我国服务业比重不高，现代服务业占比较低，高耗水服务业行业用水量较多，监管不严，产业结构有待继续优化；lnTR 和 lnFI 的回归系数均为正，表明对外贸易和外资均提高了我国水足迹，但前者显著，后者未通过显著性检验。前者提高了水足迹可能是由于样本期内我国主要是从事加工贸易，处于国际产业链底端，出口的多是耗水量较多的劳动密集型产品和重化工产品，也产生了大量的水污染足迹，高于进口产品的耗水量和水污染足迹。后者未显著提高水足迹原因可能是引进的外资大多流入了工业，尤其是制造业中进行低技术特性生产的行业，流入服务业比重较低，其中多流入了房地产业，导致水足迹增加，但随着我国外商投资产业指导目录的不断修订以及我国软硬件环境的改善，我国引进外资的质量得到了提高，致使外资未显著提高水足迹[①]。

在模型 2 中加入了 lnUR×lnES、lnUR×lnPS、lnUR×lnFR、lnUR×lnTE、lnUR×lnHU、lnUR×lnIN、lnUR×lnIS 交叉项进行检验。结果发现 lnUR×lnES、lnUR×lnPS、lnUR×lnIN 的回归系数均在不同水平上显著为正，这证实了城镇化通过经济规模效应、人口规模效应、投资拉动效应导致我国水足迹增加。lnUR×lnFR、lnUR×lnTE、lnUR×lnHU、lnUR×lnIS 的回归系数为负，说明城镇化通过要素集聚效应、技术进步效应、人力资本积累效应和产业结构效应降低了我国水足迹，但 lnUR×lnTE 和 lnUR×lnIS 的回归系数均不显著，表明城镇化对于技术进步的促进作用有限，我国整体技术水平不高，城镇化中吸纳的人口进入工业、房地产业和高耗水服务业行业就业比重较高，我国整体还处于工业化进程中，城镇化对服务业升级促进作用较为有限。

4.3.3.2 区域层面的实证结果

由表 4-1 可知，模型 3、模型 5 和模型 7 中城镇化水平 lnUR 的回归系数均在 5%显著水平上为正，表明当控制其他条件，三大地区城镇化均导致水足迹增加，但比较而言，东部地区 lnUR 的回归系数最小，表明该地区城镇化对水足迹的影响最小。至于其他控制变量，东部地区 lnES 和 lnPI 的回归系数分别为正值和负值，均显著，表明该地区经济规模提高导致了水足迹显著增加，而居民收入水平提高降低了该地区水足迹，原因可能是居民收入水平提高，使居民消费结构升级以及生活节水设施器具利用率提高；中西部地区 lnES 和 lnPI 的回归系数则均为

① 由于本章采用外贸依存度和外资依存度来分别衡量对外贸易和外资，而我国外贸依存度较高，外资依存度很低，且在趋于降低，这可能也是对外贸易显著增加水足迹，外资对水足迹影响未通过显著性检验的原因之一。

正值，分别通过不同水平显著性检验，表明中西部地区经济规模和居民收入水平显著提高了水足迹。三大地区 lnTE 和 lnIS 的回归系数均显著为负，表明两者降低了水足迹，其中东部地区的回归系数高于中西部地区，原因可能在于该地区技术进步明显，水资源利用率较高，以及该地区非传统服务业比重较大，能够更为严格地监管高耗水服务业行业用水。三大地区 lnTR 的回归系数均显著为正，表明对外贸易提高了水足迹，但东部地区 lnTR 的回归系数最小，原因在于东部地区虽然外贸依存度较高，但其在国际产业链分工中的地位正在逐渐改变，耗水较少的高端制造业产品和现代服务出口比重日益提高，而中西部地区则更多的是被高耗水的劳动密集型产品和传统服务出口锁定。从 lnFI 的回归系数可知，东部地区显著为负，中西部地区则为正，但不显著，说明东部地区引进的外资降低了本地区水足迹，原因可能在于相对中西部地区，该地区软硬件环境良好，引资质量较高，外资多来自发达国家，更多的是战略资产寻求型外资，而非市场需求型外资；更多的是效率寻求型外资，而非资源寻求型外资，且外资相对更多进入了耗水少的技术密集型行业和现代服务业，通过技术外溢和产业结构优化效应降低了本地区水足迹。

在模型 4、模型 6、模型 8 中分别加入了 lnUR×lnES、lnUR×lnPS、lnUR×lnFR、lnUR×lnTE、lnUR×lnHU、lnUR×lnIN、lnUR×lnIS 交叉项进行检验。结果发现三大地区 lnUR×lnES、lnUR×lnPS、lnUR×lnIN 的回归系数均为正，说明三大地区城镇化通过经济规模效应、人口规模效应、投资拉动效应导致本地区水足迹增加，但东部地区 lnUR×lnIN 的回归系数不显著，表明该地区公共投资的供水、节水、排水以及污水处理设施等由于城镇化而被更多企业和居民分享，水资源利用效率正在提高，水污染强度趋于下降。三大地区 lnUR×lnFR、lnUR×lnTE、lnUR×lnHU、lnUR×lnIS 的回归系数为负，说明三大地区城镇化通过要素集聚效应、技术进步效应、人力资本积累效应和产业结构效应降低了本地区水足迹，但东部地区 lnUR×lnTE 和 lnUR×lnIS 的回归系数显著，中西部地区两者的回归系数不显著，表明相对中西部地区，东部地区通过城镇化吸纳了大量人力资本水平高的人才，较好地促进了技术进步，城镇化对服务业升级有显著的推动作用，城镇化中吸纳的人口进入高端制造业、技术密集型行业和现代服务业行业就业比重较高，这些行业消耗水资源少，产生的水污染足迹少。

由表 4-1 可知，水足迹存在空间溢出效应，所有回归滞后项参数 ρ 均显著为正，这说明水足迹受相邻省域水足迹影响，相邻省域水资源利用、水资源治理和水污染治理对本省有显著影响，即水足迹存在空间溢出效应。

4.3.4 城镇化对水资源利用结构影响的实证结果分析

前文就中国和三大地区城镇化对整体水足迹的影响进行了实证研究，下面则进一步实证分析城镇化对分类水足迹的影响，具体估计结果如表 4-2 至表 4-4 所示。由于中国城镇化对分类水足迹的影响与中、西部地区城镇化对分类水足迹的影响结论相同，因此，接下来的研究对中国城镇化对分类水足迹的影响不予分析。

表 4-2　东部地区城镇化对分类水足迹的影响

	农业用水水足迹	工业用水水足迹	生活用水水足迹	生态环境补水水足迹	虚拟水水足迹	水污染足迹
C	4.2859*	1.9320**	3.7073*	1.6715*	3.2068**	1.4462**
滞后一期的因变量	0.2690**	0.2869*	0.3258*	0.2807**	0.2932*	0.3127**
lnUR	-0.0984**	0.0567*	0.0511**	0.0229**	-0.0291*	0.0309*
控制单个变量	—	—	—	—	—	—
控制交叉项变量	—	—	—	—	—	—
ρ	0.1302*	0.1255**	0.1201*	0.1227**	0.1254*	0.1286**
Wald 检验	1327.1658	1100.1161	1288.4142	1215.1205	1598.7820	1063.6069
Hansen 检验	0.7956	0.7764	0.7387	0.7358	0.8023	0.6741

注：*、**和***分别表示在 10%、5%和 1%水平上通过显著性检验。Arellano-Bond AR（1）值均小于 0.01，Arellano-Bond AR（2）值均大于 0.1，无异常。

表 4-3　中部地区城镇化对分类水足迹的影响

	农业用水水足迹	工业用水水足迹	生活用水水足迹	生态环境补水水足迹	虚拟水水足迹	水污染足迹
C	2.0983*	3.4540**	2.1949**	2.2451*	2.4586*	3.2604**
滞后一期的因变量	0.3675**	0.3512*	0.3920**	0.3786**	0.4124**	0.3598*
lnUR	-0.0678**	0.0815**	0.0714*	0.0490**	0.0373**	0.0509*
控制单个变量	—	—	—	—	—	—
控制交叉项变量	—	—	—	—	—	—
ρ	0.1154**	0.1116**	0.1193**	0.1212*	0.1057**	0.1061**
Wald 检验	1179.1675	977.4384	1279.2766	1206.5027	1349.5318	876.0440
Hansen 检验	0.7063	0.6895	0.7331	0.7303	0.6772	0.5556

注：*、**和***分别表示在 10%、5%和 1%水平上通过显著性检验。Arellano-Bond AR（1）值均小于 0.01，Arellano-Bond AR（2）值均大于 0.1，无异常。

表 4-4 西部地区城镇化对分类水足迹的影响

	农业用水水足迹	工业用水水足迹	生活用水水足迹	生态环境补水水足迹	虚拟水水足迹	水污染足迹
C	2.8919**	3.2476*	2.2602**	3.8263*	3.0657**	4.0041*
滞后一期的因变量	0.4163*	0.3598*	0.3461**	0.3765*	0.3956**	0.3753**
lnUR	-0.0566**	0.0883**	0.0734*	0.0507**	0.0435*	0.0582*
控制单个变量	—	—	—	—	—	—
控制交叉项变量	—	—	—	—	—	—
ρ	0.0895*	0.0867*	0.0928**	0.0941*	0.0814*	0.1039**
Wald 检验	914.4570	758.0132	992.0921	935.6553	1046.5756	853.5805
Hansen 检验	0.5458	0.5341	0.5689	0.5670	0.5252	0.5406

注：*、**和***分别表示在10%、5%和1%水平上通过显著性检验。Arellano-Bond AR（1）值均小于0.01，Arellano-Bond AR（2）值均大于0.1，无异常。

首先，由表4-2至表4-4可知，三大地区城镇化对农业用水水足迹的回归系数均显著为负，表明三大地区城镇化均降低了农业用水水足迹，且相对中西部地区，东部地区城镇化对农业用水水足迹的降低作用最大。原因在于该地区城镇化进程中吸纳了大量农村转移人口，促进了农业机械化运用，农业效率提高，由于该地区农业灌溉基础设施建设较好，农田灌溉水有效利用系数高，使城镇化降低农业用水水足迹的作用较大。

其次，可知三大地区城镇化对工业用水水足迹的回归系数均显著为正，说明三大地区城镇化均导致工业用水水足迹增加，其中东部地区城镇化对工业用水水足迹的提高作用最小。主要是因为相对中西部地区，样本期内东部地区城镇化进程中工业比重提高有限，部分省域工业比重下降，工业比重较低，该地区工业内部结构中技术知识密集型行业、高端制造业比重较高，这些行业耗水量相对较少，且东部地区工业用水的重复利用率较高也是原因之一。

再次，可知三大地区城镇化对生活用水水足迹的回归系数均显著为正，说明三大地区城镇化提高了生活用水水足迹，其中东部地区城镇化的提高作用最小。原因在于相对中西部地区，样本期内东部地区城镇化有助于转移人口接受更好的教育培训和医疗，提高了人们文化素质，同时也吸纳了大批教育程度高的人才，人们的节水意识较强，生活节水设施器具利用率较高；同时东部地区节水体制较顺，计量设施较为健全，与生活相关的经营服务业用水价格较高，不少省域城市实行了超额累进加价制度；同时，该地区多数省域城市居民甚至农村生活用水也实施了阶梯式水价制度；此外，还可能是因为生活提供服务的行业用水更具规模经济效应，与生活相关的高耗水服务业用水监管较为严格的原因。

另外，由表4-2至表4-4还可知，三大地区城镇化对生态环境补水水足迹的回归系数均显著为正，说明城镇化导致生态环境补水水足迹增加，城镇化进程给生态环境造成了一定的破坏，生态环境修复和维护所需水资源增加；其中东部地区城镇化对生态环境补水水足迹的提高作用最小，主要是由于相对于中西部地区，东部地区城镇化质量更高，较早认识到生态环境的重要性，环境规制及实施更为严格，且东部地区城镇化进程中再生水回用和雨水收集利用率较高，也是其中原因之一。

东部地区城镇化对虚拟水水足迹的回归系数显著为负，中西部地区的估计则相反，说明东部地区城镇化降低了虚拟水水足迹。原因可能是城镇化进程中东部地区与中西部地区间的区际贸易以及与国外的贸易中，出口产品的耗水量低于进口产品，而中西部地区则恰恰相反。

最后，可知三大地区城镇化对水污染足迹的回归系数均显著为正，表明城镇化提高了水污染足迹，其中中西部地区城镇化的提高作用较高，主要是因为中西部地区城镇化进程中小城镇居多，没有摆脱原先生产方式，大规模家禽动物养殖和农业种植结构调整导致的农药、化肥使用量增加，导致水污染足迹提高明显，而小城镇财政收入有限，污水处理设施不完善，维护成本高，难以发挥规模经济，同时环境规制不严格，执行效率低下也是水污染足迹提高的原因之一；相反东部地区城镇化进程主要以中等及以上规模城市居多，生产方式相对先进，且污染处理设施较为齐全，处理技术更为先进，环境规制及执行较为严格，使该地区城镇化对水污染足迹的提高作用较小。

4.4 结论与政策建议

本章基于水足迹视角和省级空间动态面板数据对中国城镇化对水资源利用的影响进行了实证分析。得到以下结论：

第一，从水资源利用量层面来看，城镇化和水足迹均存在空间自相关，水足迹存在空间溢出效应；城镇化提高了全国和三大地区水足迹，其通过经济规模效应、人口规模效应、投资拉动效应促使水足迹提高，其中东部地区城镇化的投资拉动效应影响水足迹不显著，通过要素集聚效应、人力资本积累效应、技术进步效应、产业结构效应降低了我国和三大地区水足迹，但全国和中西部地区城镇化

的技术进步效应和产业结构效应影响水足迹不显著。因此，从全国层面和地区层面来看，均需提高城镇化质量，重视城镇化内涵建设，努力推进新型城镇化，同时在城镇化过程中为要素集聚营造良好环境，大幅降低集聚成本，提高要素集聚效应；且需加大教育培训投入和健康医疗投入，提高城镇化进程中人口素质和人力资本水平，通过人力资本积累效应降低水足迹；需加大研发投入，对于企业研发给予税收减免和低息贷款等财政金融政策支持，提高技术水平，通过技术进步效应降低水足迹；另外，需完善和落实产业政策，推进城镇化进程中产业结构升级，通过产业结构效应降低水足迹。此外，政府需消除行政壁垒，改革水资源价格体制，在水资源利用方面推进跨省域协调与合作，各省域政府则在推进新型城镇化同时，也需考虑水资源利用的空间溢出效应。

第二，从水资源利用结构来看，即就分类型水足迹而言，三大地区城镇化均降低了农业用水水足迹，其中东部地区城镇化的降低作用最大，三大地区城镇化均提高了工业用水水足迹、生活用水水足迹、生态环境补水水足迹、水污染足迹，其中东部地区城镇化的提高作用最小，东部地区城镇化降低了虚拟水水足迹，而中西部地区结论与之相反。据此，首先，三大地区特别是中西部地区在推进新型城镇化道路吸纳农村转移人口的同时，也需推进农业机械化运用，建设完善农业用水灌溉基础设施，提高农业水资源利用效率和农田灌溉水有效利用系数，降低农业用水水足迹。其次，相对东部地区，中西部地区还需推进城镇化进程中工业内部结构升级，提高耗水量较少的高端制造业比重，并提高工业用水的重复利用率，以降低城镇化进程中的工业用水水足迹。再次，东部地区尤其是中西部地区需在城镇化进程中进一步提高人们素质，树立和强化人们节水意识，推广生活节水设施器具利用，并完善节水体制，对城市居民生活用水适时实施阶梯式水价制度，并逐步在农村生活用水价格制定中尝试推广，同时对于与城镇居民生活相关的高耗水服务业用水进行严格监管，进而降低城镇化进程中的生活用水水足迹。又次，相对东部地区，中西部地区更需认识到城镇化进程中生态环境的重要性，适时提高环境规制，并严格执行，保护生态环境，加大城镇化进程中再生水回用，提高雨水收集利用率，进而降低城镇化进程中的生态环境补水水足迹。此外，中西部地区需扩大小城镇规模，改变其原有生产方式，并加大污水处理设施与其维护资金投入，发挥其规模经济效应，同时加大企业排污造成水污染的处罚力度，进而降低城镇化进程中水污染足迹。最后，中西部地区需在城镇化进程中进一步优化调整产业结构，降低其区际贸易和对外贸易中出口产品的耗水量，以此降低虚拟水水足迹。

第5章　城镇化对水资源利用量及结构的影响：行业层面

5.1　研究现状

一方面，部分学者利用计量经济学方法就城镇化水平对水资源利用的影响进行了实证探讨，主要包括三个方面：一是实证检验城镇化对水资源利用量的影响。部分文献发现城镇化导致了用水总量增加，城镇化对水资源利用量的影响是线性的（晁增福等，2014；杨亮和丁金宏，2014；马海良等，2014），但也有学者研究发现如城镇化对水资源利用的影响存在门槛效应，是非线性的，城镇化对不同类型用水量的影响存在差异，不同层面城镇化对水资源消耗的影响也呈现异质性（李华等，2012；阚大学和吕连菊，2017；金巍等，2018；章恒全等，2019）。二是实证分析城镇化对水资源利用效率的影响。部分文献研究发现城镇化提高了水资源利用效率（马远，2016；鲍超和陈小杰，2015，2017），但也有学者发现城镇化与水资源利用效率之间呈现倒N形（曹飞，2017）。三是实证研究了城镇化对用水结构的影响。结果发现城镇化使农业用水比重下降，工业用水和生活用水比重上升（张晓晓等，2015；吕素冰等，2016；曹飞，2017）。

另一方面，学术界对于水足迹影响因素的研究，成果较为丰富。Bocchiola等（2013）、Fulton等（2014）、Paolo等（2016）、Ali等（2016）等国外学者分别实证研究了气候变化、政策变化、人力资本、国民总收入、采水技术、农业扩张、贸易开放度对一国水足迹的影响。国内学者则实证发现人口因素、经济发展水平、节水技术、国际贸易、外商直接投资、气候条件、消费水平、产业结构、

水资源利用效率、地理位置、页岩气开发、对外直接投资对水足迹产生了重要影响（王晓萌等，2014；赵良仕等，2014；Zhi 等，2014；Yang 等，2015；Zhang 等，2015；Yang 等，2016；Wang 等，2019；Xie 等，2019；徐绪堪等，2019；张凡凡等，2019；阚大学和吕连菊，2019）。

综上所述，学术界在研究城镇化对水资源利用的影响时并未基于水足迹视角去考察，在研究水足迹的影响因素时，虽然实证分析了人口因素对水足迹的影响，但人口因素仅是衡量城镇化水平的一个方面，不能等同于城镇化。与本章最紧密相关的文献是于强等（2014）基于2001~2012年时序数据，利用相关性分析和回归分析法研究了河北省城镇化对水足迹的影响；阚大学和吕连菊（2017）、吕连菊和阚大学（2017）基于城市层面数据实证分析了中国城镇化对水足迹及其效益的影响。显然这三篇文献分析仅停留在宏观层面上，并未从行业视角去探讨城镇化对水足迹的影响。本章将丰富现有文献：①构建空间动态面板模型，基于1997~2015年省级行业数据，利用系统GMM法实证研究中国城镇化对行业水足迹的影响。②进一步实证检验中国城镇化对农业、制造业和服务业水足迹的影响。

5.2　研究区域

研究区域为中国31个省域，不含港澳台地区，其中东部地区包括北京、天津、河北、辽宁、上海、江苏、浙江、福建、山东、广东和海南11个省域，中部地区包括山西、吉林、黑龙江、安徽、江西、河南、湖北、湖南8个省域；西部地区则包括四川、重庆、贵州、云南、西藏、陕西、甘肃、青海、宁夏、新疆、内蒙古、广西12个省域。下文主要围绕城镇化率和水资源情况进行简要介绍。

首先，由表5-1可知，2018年中国城镇化率为59.6%，其中东部、中部和西部地区城镇化率分别为70.7%、56.9%和52.3%，中部和西部地区城镇化率低于全国平均水平。在省域层面，上海城镇化率最高，西藏城镇化率最低，有13个省域城镇化率高于全国平均水平。

其次，2018年中国水资源总量为27462.5亿立方米，人均水资源量为1971.9立方米，人均水资源只有世界平均水平的25%。中国用水总量为6015.5

亿立方米，人均用水量为431.9立方米，其中农业用水总量最多，占61.4%，制造业用水总量次之，占21.0%，服务业用水总量最少，占17.6%。在三大地区中，东部地区水资源总量、人均水资源量和人均用水量均最少，分别为5170.9亿立方米、1062.7立方米和356.4立方米，中部地区水资源总量、人均水资源量和人均用水量均次之，分别为6139.1亿立方米、1543.0立方米和472.9立方米，西部地区水资源总量、人均水资源量和人均用水量均最多，分别为16152.8亿立方米、3310.1立方米和646.3立方米。东部地区人均水资源量和人均用水量均低于全国平均水平，中部地区人均水资源量低于全国平均水平，但该地区人均用水量高于全国平均水平，西部地区人均水资源量和人均用水量均高于全国平均水平。另外，东部地区用水总量最多，为2115.2亿立方米，西部地区用水总量次之，为1957.5亿立方米，中部地区用水总量最少，为1942.8亿立方米，其中东部地区和中部地区农业用水总量最多，制造业用水总量次之，服务业用水总量最少，而西部地区农业用水总量最多，服务业用水总量次之，制造业用水总量最少。在省域层面，西藏水资源总量最多，宁夏水资源总量最少，有10个省域水资源总量高于全国平均水平；西藏人均水资源量最多，天津人均水资源量最少，有11个省域人均水资源量高于全国平均水平；江苏用水总量最多，青海用水总量最少，有12个省域用水总量高于全国平均水平，新疆人均用水量最多，北京人均用水总量最少，有15个省域人均用水量高于全国平均水平。其中新疆农业用水总量最多，北京农业用水总量最少，有14个省域农业用水总量高于全国平均水平；江苏制造业用水总量最多，西藏制造业用水总量最少，有12个省域制造业用水总量高于全国平均水平；广东服务业用水总量最多，西藏服务业用水总量最少，有14个省域服务业用水总量高于全国平均水平。

表5-1　2018年中国城镇化率和水资源利用情况　单位：立方米，%

地区	城镇化率	水资源总量	用水总量	农业用水总量	制造业用水总量	服务业用水总量	人均水资源	人均用水量
北京	86.5	3.6×10^9	3.9×10^9	0.4×10^9	0.3×10^9	3.2×10^9	164.2	181.8
天津	83.1	1.8×10^9	2.8×10^9	1.0×10^9	0.5×10^9	1.3×10^9	112.9	182.2
河北	56.4	16.4×10^9	18.2×10^9	12.1×10^9	1.9×10^9	4.2×10^9	217.7	242.0
山西	58.4	12.2×10^9	7.4×10^9	4.3×10^9	1.4×10^9	1.7×10^9	328.6	200.3

续表

地区	城镇化率	水资源总量	用水总量	农业用水总量	制造业用水总量	服务业用水总量	人均水资源	人均用水量
内蒙古	62.7	46.2×10^9	19.2×10^9	14.0×10^9	1.6×10^9	3.6×10^9	1823.0	758.8
辽宁	68.1	23.5×10^9	13.0×10^9	8.1×10^9	1.9×10^9	3.1×10^9	539.4	298.6
吉林	57.5	48.1×10^9	12.0×10^9	8.4×10^9	1.7×10^9	1.8×10^9	1775.3	440.9
黑龙江	60.1	101.1×10^9	34.4×10^9	30.5×10^9	2.0×10^9	1.9×10^9	2675.1	909.6
上海	88.1	3.9×10^9	10.3×10^9	1.7×10^9	6.2×10^9	2.5×10^9	159.9	427.1
江苏	69.6	37.8×10^9	59.2×10^9	27.3×10^9	25.5×10^9	6.4×10^9	470.6	736.3
浙江	68.9	86.6×10^9	17.4×10^9	7.7×10^9	4.4×10^9	5.3×10^9	1520.5	305.1
安徽	54.7	83.6×10^9	28.6×10^9	15.4×10^9	9.1×10^9	4.1×10^9	1328.9	454.4
福建	65.8	77.9×10^9	18.7×10^9	8.8×10^9	6.2×10^9	3.7×10^9	1982.9	476.1
江西	56.0	114.9×10^9	25.1×10^9	16.1×10^9	5.9×10^9	3.1×10^9	2479.2	541.1
山东	61.2	34.3×10^9	21.3×10^9	13.4×10^9	3.3×10^9	4.7×10^9	342.4	212.1
河南	51.7	34.0×10^9	23.5×10^9	12.0×10^9	5.0×10^9	6.4×10^9	354.6	244.8
湖北	60.3	85.7×10^9	29.7×10^9	15.4×10^9	8.7×10^9	5.6×10^9	1450.2	502.4
湖南	56.0	134.3×10^9	33.7×10^9	19.5×10^9	9.3×10^9	4.9×10^9	1952.0	489.9
广东	70.7	189.5×10^9	42.1×10^9	21.4×10^9	9.9×10^9	10.7×10^9	1683.4	373.9
广西	50.2	183.1×10^9	28.8×10^9	19.6×10^9	4.8×10^9	4.4×10^9	3732.6	586.7
海南	59.1	41.8×10^9	4.5×10^9	3.3×10^9	0.3×10^9	1.0×10^9	4495.7	485.0
重庆	65.5	52.4×10^9	7.7×10^9	2.5×10^9	2.9×10^9	2.3×10^9	1697.2	250.0
四川	52.3	295.3×10^9	25.9×10^9	15.7×10^9	4.3×10^9	6.0×10^9	3548.2	311.4
贵州	47.5	97.9×10^9	10.7×10^9	6.1×10^9	2.5×10^9	2.0×10^9	2726.2	297.5
云南	47.8	220.7×10^9	15.6×10^9	10.7×10^9	2.1×10^9	2.8×10^9	4582.3	323.4
西藏	31.1	465.8×10^9	3.2×10^9	2.7×10^9	0.2×10^9	0.3×10^9	136804.7	931.0

续表

地区	城镇化率	水资源总量	用水总量	农业用水总量	制造业用水总量	服务业用水总量	人均水资源	人均用水量
陕西	58.1	37.1×10^9	9.4×10^9	5.7×10^9	1.5×10^9	2.2×10^9	964.8	243.4
甘肃	47.7	33.3×10^9	11.2×10^9	8.9×10^9	0.9×10^9	1.4×10^9	1266.6	426.8
青海	54.4	96.2×10^9	2.6×10^9	1.9×10^9	0.3×10^9	0.4×10^9	16018.3	434.6
宁夏	58.9	1.5×10^9	6.6×10^9	5.7×10^9	0.4×10^9	0.5×10^9	214.6	966.4
新疆	50.9	85.9×10^9	54.9×10^9	49.1×10^9	1.3×10^9	4.5×10^9	3482.6	2225.5
东部地区	70.7	517.1×10^9	211.5×10^9	105.1×10^9	60.4×10^9	46.1×10^9	1062.7	356.4
中部地区	56.9	613.9×10^9	194.3×10^9	121.5×10^9	43.1×10^9	29.6×10^9	1543.0	472.9
西部地区	52.3	1615.3×10^9	195.8×10^9	142.7×10^9	22.6×10^9	30.4×10^9	3310.1	646.3
中国	59.6	2746.3×10^9	601.6×10^9	369.3×10^9	126.2×10^9	106.1×10^9	1971.9	431.9

资料来源：根据《中国统计年鉴》整理。

5.3 研究方法

5.3.1 模型构建

依据现有文献，以广义空间面板模型为基础，以行业水足迹（WF）为因变量，城镇化（UR）为自变量，构建如下模型：

$$WF_{ijt}=C+\gamma\times WF_{ijt-1}+\rho W\times WF_{ijt}+\beta_1\times UR_{it}+\lambda\times X_t+\mu_i+\delta_j+\varphi_t+\varepsilon_{it} \tag{5-1}$$

$$\varepsilon_{it}=\varphi W\varepsilon_{it}+\nu_{it} \tag{5-2}$$

当 $\rho\neq0$，$\beta_1\neq0$，$\varphi=0$ 时与当 $\rho=0$，$\beta_1\neq0$，$\varphi\neq0$ 时，上述模型分别转换成空间动态面板滞后模型和误差模型，前者表明本省域行业水足迹不仅与本省域城镇化相关，还与相邻省域行业水足迹相关；后者表明本省域行业水足迹不仅与本省域城镇化相关，还与相邻省域行业水足迹以及城镇化相关。

模型（5-1）中 i 表示省域，j 代表行业，t 表示年份，X 为控制变量，包括

两类：一类是省域层面控制变量，包括水资源禀赋（WB）、居民收入水平（PI）和气候因素（QH）；另一类是行业层面控制变量，包括行业规模（ES）、行业结构（IS）、行业用水效率（YF）、行业技术进步（TE）、行业环境规制（EI）、行业进出口贸易（TR）和行业利用外资水平（FO）。μ、δ、φ分别为省域个体、行业个体和时间虚拟变量，ε和W分别为随机干扰项和空间权重矩阵，由于行业水足迹变化存在滞后效应，加入其滞后项，这也考虑到了没有纳入模型中的其他影响因素。此外，由于变量存在异方差性，水资源禀赋、居民收入水平等省域层面控制变量和行业规模、行业结构等行业层面控制变量均在模型中以对数形式呈现。

5.3.2 变量测度与数据说明

首先，关于行业水足迹的测度。行业水足迹=行业内部水足迹+行业外部水足迹+行业内部灰水足迹+行业外部灰水足迹。为了计算行业水足迹，在传统的投入产出模型中增加各行业用水量的行向量和废水排放量的行向量。关于行业内部水足迹测度[①]：①计算直接消耗系数矩阵[②]，利用该矩阵得到列昂惕夫逆矩阵。②用列昂惕夫逆矩阵与直接虚拟水强度矩阵相乘得出行业 j 的虚拟水强度[③]。③行业内部水足迹为行业 j 的虚拟水强度乘以国内消费需求。关于行业外部水足迹的衡量[④]，具体为进口产品直接用于行业 j 最终需求所需要的水资源量+进口产品用于中间需求再转化为行业 j 的最终消费所需要的水资源量[⑤]。关于行业内部灰水足迹的测度[⑥]：①用列昂惕夫逆矩阵与直接虚拟废水强度矩阵相乘得出行业 j 的虚拟废水强度[⑦]。②用行业 j 的虚拟废水强度乘以国内消费需求得到行业内部灰水足迹。关于行业外部废水足迹的衡量[⑧]，具体为进口产品直接用于行业 j 最终需求所排放的废水量+进口产品用于中间需求再转化为行业 j 的最终消费所排

---

① 用于行业 j 最终需求的国内生产的产品所需要的水资源量。

② 直接消耗系数为行业 j 为增加单位产出所需要的行业 d 的投入。

③ 直接虚拟水强度为行业 j 增加单位产出需要直接投入的水量；虚拟水强度为满足行业 j 单位最终需求所需要投入的所有直接和间接水量之和。

④ 用于行业 j 最终需求的进口产品所需要的水资源量。

⑤ 由于进口产品用于中间需求会转化为最终需求和出口，所以利用（国内消费需求-出口）/国内消费需求进行调整。

⑥ 用于行业 j 最终需求的国内生产的产品所排放的废水量。

⑦ 直接虚拟废水强度为行业 j 增加单位产出其自身所直接排放的废水量；虚拟废水强度为满足行业 j 单位最终需求所排放的所有直接和间接废水量之和。

⑧ 用于行业 j 最终需求的进口产品所排放的废水量。

放的废水量①。由于后文实证研究部分将研究城镇化对行业虚拟水足迹的影响，故还需测算行业虚拟水足迹。行业虚拟水足迹=虚拟水出口-虚拟水进口，其中前者为行业 j 出口产品所需要的水资源量，等于行业 j 的虚拟水强度与出口需求的乘积，后者即为行业外部水足迹。将所有行业按照国家统计局的《三次产业划分规定》合并为农业、制造业和服务业，进一步可得到农业水足迹、制造业水足迹、服务业水足迹、农业虚拟水足迹、制造业虚拟水足迹、服务业虚拟水足迹、农业灰水足迹、制造业灰水足迹和服务业灰水足迹。原始数据来源于《中国投入产出表》及其各省域投入产出表、《中国统计年鉴》及其各省域统计年鉴、《中国水资源公报》及其各省域水资源公报、《中国水利发展统计公报》、各省域水利统计年报、《中国环境年鉴》、《中国环境统计年鉴》。由于样本区间为 1997~2015 年，而投入产出表给出的分别为 1997 年、2000 年、2002 年、2005 年、2007 年、2010 年、2012 年和 2015 年的数据，因此，对于间隔年份缺失的数据用移动平均法估算得到。

其次，对于城镇化的测度。现有文献大多用常住人口城镇化率衡量，本章借鉴第 3 章的测度方法，即分别在人口城镇化、经济城镇化、社会城镇化和空间城镇化二级指标体系中，加入户籍人口城镇化率、高新技术产业增加值占规模以上制造业增加值比重、社会保险综合参保率和每百户拥有电话数（含移动电话）、环境噪声达标率指标，通过主成分分析法来测度城镇化。其中采用 Z 得分值法、“1-逆向指标”或“1/逆向指标”分别对数据和逆向指标进行了处理。原始数据源自《中国统计年鉴》及其各省域统计年鉴、《中国经济与社会发展统计数据库》。

最后，关于控制变量测度。分别采用人均水资源总量、“城镇居民人均可支配收入+农村人均纯收入”②、降水量测度水资源禀赋、居民收入水平、气候因素。分别采用行业总产值、各行业产值/总产值、行业增加值/行业用水总量、全员劳动生产率③测度行业规模、行业结构、行业用水效率、行业技术进步。分别利用行业污染治理投资额/行业污染排放总量、行业进出口总额、外资单位产出/行业总产值衡量行业层面的环境规制、行业进出口贸易、外资利用水平。原始数据源自《中国统计年鉴》及各省域统计年鉴、《中国工业经济统计年鉴》、《中国

---

① 由于进口产品用于中间需求会转化为最终需求和出口，所以利用（国内消费需求-出口）/国内消费需求进行调整。

② 经过人口加权处理。

③ 行业增加值/行业全部从业人员年平均人数。

工业统计年鉴》、《中国环境年鉴》、《中国环境统计年报》、CEIC 中国经济数据库①。

5.3.3　空间自相关检验

运用 Moran's I 指数分别对城镇化与行业水足迹、行业虚拟水足迹、行业灰水足迹的空间自相关性进行研究②。结果发现，样本期间城镇化与行业水足迹、行业虚拟水足迹、行业灰水足迹的 Moran's I 值均为正值，表明中国城镇化与行业水足迹、行业虚拟水足迹、行业灰水足迹存在空间集群，各省域间的城镇化与行业水足迹、行业虚拟水足迹、行业灰水足迹存在空间相互依赖。较高城镇化水平的省域，其相邻省域城镇化水平也较高（例如北京城镇化水平较高，相邻省域天津城镇化水平也较高；上海城镇化水平较高，相邻省域江苏和浙江城镇化水平也较高），反之，亦是如此（例如，云南城镇化水平较低，相邻省域贵州和广西城镇化水平也较低；甘肃城镇化水平较低，相邻省域青海和新疆城镇化水平也较低）。同样地，该结论也适用于行业水足迹、行业虚拟水足迹、行业灰水足迹变量，即行业水足迹、行业虚拟水足迹、行业灰水足迹较高的省域，其相邻省域行业水足迹、行业虚拟水足迹、行业灰水足迹往往也较高（例如江苏行业水足迹较高，相邻省域山东行业水足迹也较高），反之，亦是如此（例如陕西行业水足迹较低，相邻省域山西和宁夏行业水足迹也较低）。进一步可知，较高城镇化水平的省域与较高行业水足迹、行业虚拟水足迹、行业灰水足迹的省域存在空间相关性，较低城镇化水平的省域与较低行业水足迹、行业虚拟水足迹、行业灰水足迹的省域也存在空间相关性。故初步判断，城镇化与行业水足迹、行业虚拟水足迹、行业灰水足迹呈正相关关系。

5.3.4　空间动态面板模型选择

在利用系统 GMM 法回归前，需根据 LM 统计量来选择模型类型。由表 5-2 可知，当因变量为行业水足迹、农业水足迹、制造业水足迹和服务业水足迹时，

---

① 30 个省域（西藏数据不全，剔除），个别省域中的部分行业规模和进出口总额存在 0 值，无法直接取对数纳入样本中，因此，依据当 X 很小时，ln（1+X）≈X，在将 0 值的行业规模和进出口总额纳入样本中时赋予 1，再取对数。

② 在利用 Moran's I 公式计算时，空间权重矩阵 W 采用国内文献普遍使用的 0-1 权重矩阵，即当两个省域相邻或不相邻时，W 分别为 1 或 0。当 Moran's I 指数分别大于 0、小于 0、等于 0 时，表明省域变量存在空间正相关、负相关和不相关。

LM（lag）和 Robust LM（lag）两个统计量的显著性水平均分别高于 LM（error）和 Robust LM（error）两个统计量；当因变量为行业虚拟水足迹、农业虚拟水足迹、制造业虚拟水足迹、服务业虚拟水足迹、行业灰水足迹、农业灰水足迹、制造业灰水足迹和服务业灰水足迹时，只有 LM（lag）统计量显著，故选择空间动态面板滞后模型。本章采用 GMM 法对设定的空间动态面板滞后模型进行估计。根据 Arellano 和 Bond（1991）、Arellano 和 Bover（1995）、Blundell 和 Bond（1998）的研究，GMM 法可以分为差分 GMM 法和系统 GMM 法，系统 GMM 法的估计量在差分 GMM 法的估计量的基础上进一步使用了水平方程的矩条件，将滞后变量的一阶差分作为水平方程中相应的水平变量的工具变量。本章使用系统 GMM 法进行实证研究，具体结果如表 5-3 所示。

表 5-2 模型选择的 LM 统计量

	LM（lag）	LM（error）	Robust LM（lag）	Robust LM（error）
行业水足迹	12.424***	7.098**	6.453**	3.564*
农业水足迹	12.003***	6.834**	6.276**	3.451*
制造业水足迹	10.215***	6.012**	5.802**	2.792*
服务业水足迹	8.796***	5.181**	5.005**	2.413*
行业虚拟水足迹	6.138*	2.347	—	—
农业虚拟水足迹	4.550*	1.369	—	—
制造业虚拟水足迹	5.199*	1.975	—	—
服务业虚拟水足迹	6.632*	2.494	—	—
行业灰水足迹	5.337*	2.027	—	—
农业灰水足迹	4.363*	1.335	—	—
制造业灰水足迹	4.984*	1.913	—	—
服务业灰水足迹	6.341*	2.410	—	—

注：*、**和***分别表示在10%、5%和1%水平上通过显著性检验。

表 5-3　全国和地区层面的估计结果

	全国			东部地区			中部地区			西部地区		
	行业水足迹	行业虚拟水足迹	行业灰水足迹	行业水足迹	行业虚拟水足迹	行业灰水足迹	行业水足迹	行业虚拟水足迹	行业灰水足迹	行业水足迹	行业虚拟水足迹	行业灰水足迹
C	2.646**	3.021**	3.271*	3.119**	4.568**	2.523*	2.884**	3.073*	2.977*	4.349**	3.056**	3.485**
滞后一期的因变量	0.281*	0.266**	0.252**	0.304*	0.272*	0.289**	0.275*	0.262**	0.311**	0.280*	0.257**	0.243*
lnUR	0.198*	0.104**	0.137**	0.103**	-0.076**	0.065*	0.201**	0.138**	0.142**	0.257**	0.184*	0.196*
lnWB	0.112*	0.093	0.106	0.075**	0.092	0.064	0.137	0.119	0.125	0.141**	0.128	0.139
lnPI	0.107**	0.105*	0.098*	-0.081*	-0.073*	-0.076**	0.122*	0.116*	0.108*	0.130*	0.119*	0.113**
lnQH	0.063	0.067*	0.062	0.045	0.037	0.039	0.074	0.071	0.075	0.089**	0.077*	0.082
lnES	0.169**	0.174**	0.145**	0.102**	0.106**	0.090**	0.188**	0.195**	0.167**	0.196*	0.208**	0.181**
lnIS	0.096**	0.095**	0.090**	-0.047**	-0.042**	-0.051*	0.123**	0.120**	0.126*	0.131**	0.133**	0.138*
lnYF	-0.134*	-0.136*	-0.131*	-0.180*	-0.178*	-0.193**	-0.125**	-0.127*	-0.119**	-0.097**	-0.085*	-0.082*
lnTE	-0.093	-0.091	-0.084	-0.165**	-0.159**	-0.172**	-0.086	-0.078	-0.082	-0.061	-0.056	-0.054
lnEI	-0.121	-0.098	-0.129	-0.146**	-0.132*	-0.164*	-0.109	-0.085	-0.114	-0.093	-0.082	-0.097
lnTR	0.130**	0.125**	0.118**	0.074	0.046	0.063	0.141**	0.134**	0.129**	0.160**	0.157**	0.145**
lnFO	0.077	0.078	0.075*	0.039	0.030	0.026	0.089	0.092	0.083*	0.084	0.086	0.089
ρ	0.065**	0.067**	0.070*	0.078**	0.094**	0.080**	0.084**	0.086**	0.085*	0.118**	0.069**	0.076**
Wald 检验	1332.824	1024.571	1008.253	1047.664	1156.966	1262.204	970.297	954.838	992.161	1095.670	1148.602	882.967
Hansen 检验	0.717	0.579	0.608	0.681	0.619	0.702	0.571	0.599	0.668	0.609	0.634	0.515

注：*、**、***分别表示在10%、5%和1%水平上通过显著性检验，Arellano-Bond AR 统计量无异常。

5.4 城镇化对行业水资源利用影响的实证结果

（1）全国层面的实证结果。由表 5-3 可知，城镇化水平提高 1%，行业水足迹、行业虚拟水足迹和行业灰水足迹分别提高 0.198%、0.104%和 0.137%，分别在 10%、5%和 5%水平上显著。表明城镇化导致了行业水足迹、行业虚拟水足迹和行业灰水足迹提高。

（2）地区层面的实证结果。由表 5-3 可知，城镇化水平提高 1%，东部地区行业水足迹、行业虚拟水足迹和行业灰水足迹分别提高 0.103%、-0.076%和 0.065%，均通过了显著性检验，中部地区行业水足迹、行业虚拟水足迹和行业灰水足迹分别提高 0.201%、0.138%和 0.142%，西部地区行业水足迹、行业虚拟水足迹和行业灰水足迹分别提高 0.257%、0.184%和 0.196%，也均通过了显著性检验。表明三大地区城镇化均提高了行业水足迹及其灰水足迹，东部地区城镇化的提高作用较小，东部地区城镇化有助于行业虚拟水足迹降低，中西部地区城镇化致使行业虚拟水足迹提高。

（3）行业水足迹、行业虚拟水足迹和行业灰水足迹存在空间溢出效应。由表 5-3 可知，城镇化对行业水足迹、行业虚拟水足迹、行业灰水足迹影响的参数 ρ 均显著为正，表明它们分别受相邻省域行业水足迹、行业虚拟水足迹、行业灰水足迹的影响，相邻省域行业水足迹、行业虚拟水足迹、行业灰水足迹分别对本省域行业水足迹、行业虚拟水足迹、行业灰水足迹有显著影响，即行业水足迹、行业虚拟水足迹、行业灰水足迹存在空间溢出效应。

5.5 城镇化对行业水资源利用结构影响的实证结果

将所有行业按照国家统计局的《三次产业划分规定》合并为农业、制造业和服务业，进一步研究城镇化对农业、制造业和服务业水足迹的影响；城镇化对农业、制造业和服务业虚拟水足迹的影响；城镇化对农业、制造业和服务业灰水足迹的影响。具体结果如表 5-4 至表 5-6 所示。

表 5-4　城镇化对农业、制造业和服务业水足迹影响的估计结果

	全国			东部地区			中部地区			西部地区		
	农业水足迹	制造业水足迹	服务业水足迹	农业水足迹	制造业水足迹	服务业水足迹	农业水足迹	制造业水足迹	服务业水足迹	农业水足迹	制造业水足迹	服务业水足迹
C	2.508**	2.861*	3.049**	2.954**	4.320**	2.397*	2.732*	2.910**	2.819*	4.113**	2.891**	3.298*
滞后一期的因变量	0.277*	0.263**	0.255*	0.296**	0.268*	0.282**	0.271**	0.254*	0.305**	0.279*	0.256*	0.244**
lnUR	-0.092**	0.158**	0.136**	-0.115*	0.113**	0.104**	-0.070*	0.159**	0.131**	-0.052**	0.164**	0.140*
控制变量	—	—	—	—	—	—	—	—	—	—	—	—
ρ	0.074*	0.085*	0.084**	0.093**	0.112*	0.093*	0.105**	0.103**	0.102*	0.130*	0.082**	0.079**
Wald 检验	1359.489	1045.082	1028.430	1068.611	1180.117	1287.461	989.716	973.947	1012.016	1117.596	1171.586	900.638
Hansen 检验	0.743	0.603	0.632	0.706	0.644	0.728	0.595	0.623	0.693	0.634	0.659	0.537

注：*、**和***分别表示在10%、5%和1%水平上通过显著性检验。Arellano-Bond AR（1）值均小于0.01，Arellano-Bond AR（2）值均大于0.1，无异常。

表 5-5　城镇化对农业、制造业和服务业虚拟水足迹影响的估计结果

	全国			东部地区			中部地区			西部地区		
	农业虚拟水足迹	制造业虚拟水足迹	服务业虚拟水足迹	农业虚拟水足迹	制造业虚拟水足迹	服务业虚拟水足迹	农业虚拟水足迹	制造业虚拟水足迹	服务业虚拟水足迹	农业虚拟水足迹	制造业虚拟水足迹	服务业虚拟水足迹
C	2.470**	2.817**	3.003*	2.909*	4.252**	2.361*	2.690*	2.866**	2.777*	4.049*	2.850**	3.248*
滞后一期的因变量	0.277*	0.263*	0.251**	0.294*	0.269*	0.285**	0.272*	0.254*	0.305**	0.267*	0.256*	0.245*
lnUR	-0.035**	0.209*	-0.072**	-0.057**	-0.043**	-0.096*	-0.031**	0.228**	-0.063**	-0.024**	0.251*	-0.047**
控制变量	—	—	—	—	—	—	—	—	—	—	—	—

续表

	全国			东部地区			中部地区			西部地区		
	农业虚拟水足迹	制造业虚拟水足迹	服务业虚拟水足迹	农业虚拟水足迹	制造业虚拟水足迹	服务业虚拟水足迹	农业虚拟水足迹	制造业虚拟水足迹	服务业虚拟水足迹	农业虚拟水足迹	制造业虚拟水足迹	服务业虚拟水足迹
ρ	0.073*	0.076**	0.085*	0.081**	0.108*	0.091**	0.095**	0.100**	0.099*	0.128**	0.082**	0.086**
Wald 检验	1235.542	949.800	934.667	971.202	1072.525	1170.080	899.483	885.159	919.750	1015.703	1064.774	818.523
Hansen 检验	0.686	0.554	0.581	0.648	0.591	0.668	0.547	0.572	0.636	0.582	0.605	0.495

注：*、**和***分别表示在10%、5%和1%水平上通过显著性检验。Arellano-Bond AR（1）值均小于0.01，Arellano-Bond AR（2）值均大于0.1，无异常。

表 5-6 城镇化对农业、制造业和服务业灰水足迹影响的估计结果

	全国			东部地区			中部地区			西部地区		
	农业灰水足迹	制造业灰水足迹	服务业灰水足迹	农业灰水足迹	制造业灰水足迹	服务业灰水足迹	农业灰水足迹	制造业灰水足迹	服务业灰水足迹	农业灰水足迹	制造业灰水足迹	服务业灰水足迹
C	2.598*	2.957*	3.151**	3.052*	4.460*	2.476**	2.823*	3.007*	2.915**	4.249*	2.994*	3.403**
滞后一期的因变量	0.290**	0.276*	0.262*	0.313**	0.282*	0.298*	0.284*	0.272**	0.319*	0.291**	0.268*	0.256*
lnUR	0.054**	0.192**	0.168**	0.036*	0.085**	0.073**	0.057**	0.206**	0.174**	0.075*	0.240**	0.218**
控制变量	—	—	—	—	—	—	—	—	—	—	—	—
ρ	0.075*	0.083**	0.069*	0.081**	0.117**	0.095**	0.101**	0.104*	0.103*	0.132**	0.093**	0.090*
Wald 检验	1296.856	996.931	981.027	1019.394	1125.753	1228.142	944.117	929.075	965.390	1066.104	1117.606	859.173
Hansen 检验	0.715	0.580	0.606	0.679	0.618	0.701	0.572	0.604	0.666	0.610	0.635	0.519

注：*、**和***分别表示在10%、5%和1%水平上通过显著性检验。Arellano-Bond AR（1）值均小于0.01，Arellano-Bond AR（2）值均大于0.1，无异常。

（1）城镇化对农业、制造业和服务业水足迹影响的实证结果。由表 5-4 可知，城镇化水平提高 1%，全国农业、制造业和服务业水足迹分别提高-0.092%、0.158%和 0.136%，均通过了显著性检验，说明城镇化降低了全国农业水足迹，提高了全国制造业水足迹和服务业水足迹，该结论也适用于三大地区，其中东部地区城镇化对农业水足迹的降低作用最大，对制造业水足迹和服务业水足迹的提高作用最小。

（2）城镇化对农业、制造业和服务业虚拟水足迹影响的实证结果。由表 5-5 可知，城镇化水平提高 1%，全国农业、制造业和服务业虚拟水足迹分别提高-0.035%、0.209%和-0.072%，均通过了显著性检验，说明中国城镇化降低了农业虚拟水足迹和服务业虚拟水足迹，提高了制造业虚拟水足迹，该结论也适用于中西部地区。东部地区城镇化水平提高 1%，该地区农业、制造业和服务业虚拟水足迹分别降低 0.057%、0.043%和 0.096%，均通过了显著性检验，说明东部地区城镇化水平降低了农业、制造业和服务业虚拟水足迹。显然，东部地区城镇化对制造业虚拟水足迹的影响与中西部地区相反。

（3）城镇化对农业、制造业和服务业灰水足迹影响的实证结果。由表 5-6 可知，城镇化水平提高 1%，全国农业、制造业和服务业灰水足迹分别提高 0.054%、0.192%和 0.168%，均通过了显著性检验，说明中国城镇化提高了农业、制造业和服务业灰水足迹，该结论也适用于三大地区，其中东部地区城镇化对农业、制造业和服务业灰水足迹的影响最小。

5.6　实证结果的讨论

城镇化导致了行业水足迹、行业虚拟水足迹和行业灰水足迹提高。原因可能在于城镇化虽然有助于促进行业集聚，产生规模经济、降低技术研发成本和推广成本，提升行业技术水平、获得更多教育培训机会和享受更好的医疗健康服务，提高行业人力资本、推动行业结构升级、改善要素市场扭曲产生的行业水资源误置等提高了行业水资源利用效率；但城镇化也通过拉动消费，提升行业规模、促使转移人口就业于耗水较多的劳动密集型行业和传统服务业、带动行业固定资产投资、形成人口红利，促使外资流入和出口规模扩大等大幅提高行业水资源利用量。且前者的提高效应较小，后者的提高效应较大。主要是由于中国城镇化更多是粗放型的，城镇化内涵建设不足，注重的是城镇化率提高，导致城镇化质量较低，样本期间城镇化质量均值仅为1.263，同时不同地区城镇化质量差距较大所致。另外，城镇化形成的人口红利和市场，促使劳动密集型行业外资大量流入以及行业附加值较低的产品出口规模大幅提高，导致这些行业外企生产过程中和出口产品生产过程中大量水资源被消耗，使虚拟水出口规模较大，同时中国在城镇化进程中进口了大量技术含量较高和行业附加值较高的产品，这些行业多属于现代制造业和技术知识密集型行业，耗水量较少，致使虚拟水进口规模较小，导致城镇化提高了行业虚拟水足迹。中国城镇化进程中行业水生态环境意识不强，污水处理设施不完善，行业节水和再生水回用设施缺乏，利用率低（中国再生水利用率仅占污水处理量的11%左右），同时行业环境规制不严格，执行效率低下，对水污染选择性执法行为的存在等导致行业灰水足迹提高明显。

三大地区城镇化均提高了行业水足迹及其灰水足迹，东部地区城镇化的提高作用较小。前者原因可能在于相对中西部地区，东部地区城镇化质量较高，样本期间城镇化质量均值为1.697，通过行业集聚效应，行业技术水平提升效应、行业人力资本提高效应、行业结构升级效应、行业水资源误置改善效应等对行业水资源利用效率的提高作用相对较大。后者可能是由于东部地区城镇化进程中行业污水处理设施、节水和再生水回用设施较为完善，设备利用率较高，同时行业环境规制较为严格，执行效率较高，水污染监管体系较为健全等导致其对行业灰水足迹的提高作用较小。

东部地区城镇化有助于行业虚拟水足迹降低，中西部地区城镇化致使行业虚拟水足迹提高。原因可能是东部地区城镇化一方面使本地区软硬条件得到了大幅改善，行业吸引的外资质量较高，战略资产寻求型和效率寻求型外资占比较大，外资进入技术知识密集型行业比重相对较大，且该地区行业出口产品技术复杂度较高，技术知识密集型产品出口比重日益提高，出口增长方式正向集约型转变，这些行业外企在生产过程中和出口产品在生产过程中消耗的水资源较少，使虚拟水出口规模较小；另一方面东部地区城镇化加速了人口红利消失，伴随着土地、原材料等成本的上升，导致该地区原本耗水较多的劳动密集型行业转移到中西部地区和东南亚等国家，使虚拟水出口规模下降，低于该地区虚拟水进口规模。

城镇化降低了全国农业水足迹，提高了全国制造业水足迹和服务业水足迹，该结论也适用于三大地区，其中东部地区城镇化对农业水足迹的降低作用最大，对制造业水足迹和服务业水足迹的提高作用最小。前者原因在于相对中西部地区，东部地区城镇化进程中吸纳了大量农村剩余劳动力，提高了农业机械化水平

和农业生产效率（样本期间东部地区农业生产效率均值为7616元/人，中西部分别为6045元/人和6548元/人），大幅降低农业水足迹；又由于该地区城镇化促进了经济快速增长，带来财政收入显著增加，发展和完善了农业水利基础设施建设和节水灌溉基础设施建设，提高了农田灌溉水的有效利用率，使该地区城镇化降低农业水足迹的作用最大；另外，相对中西部地区，东部地区城镇化进程中城市建设用地占用了大量农田，耕地面积减少较多，研究发现，东部地区城镇化提高1%，耕地减少近14万公顷，中西部地区占用耕地速度较为缓慢一些，东部地区城镇化导致的耕地面积减少也致使该地区城镇化降低农业水足迹的作用相对最大；另外，一个可能的原因是相对于中西部地区，东部地区城镇化使人们收入提高较多，促进了当地居民消费结构升级和消费方式改变，人们已经逐步树立健康消费理念，对于农产品的需求日益多元化，增加了低热量、低脂肪和低糖的水稻、豆类、薯类、青稞、蚕豆、小麦等耗水较少的农产品的需求，减少了耗水较多的肉类农产品的需求[①]。后者原因可能是相对中西部地区，东部地区城镇化进程中一开始制造业比重虽有所上升，但增幅不大，后来，制造业比重下降，服务业比重快速上升，致使制造业占比较低，服务业占比较高，该地区制造业内部结构中技术含量高的中高端现代制造业比重较高，服务业内部结构中知识密集型的新兴服务业行业比重较大，这些行业耗水量相对较少；且东部地区制造业用水和服务业用水阶梯价格形成机制已经完善，对高耗水低端制造业和传统服务业行业用水监管较为严格，行业节水设施利用率和水资源循环利用效率较高，使该地区城镇化对制造业水足迹和服务业水足迹的提高作用最小。

中国城镇化降低了农业虚拟水足迹和服务业虚拟水足迹，提高了制造业虚拟水足迹，该结论也适用于中西部地区。前者原因在于城镇化进程中农产品出口小于进口，农产品贸易呈现逆差，且逆差规模趋于增加，2015年中国农产品出口706.8亿美元，进口1168.8亿美元，逆差462亿美元[②]；农产品出口结构中以蔬菜、水果、水产品、茶叶为主，进口结构中以谷物、畜产品、棉花、食糖、食用油籽、食用植物油为主，相对而言，出口结构中多是单位耗水较少的农产品，进口结构中多是单位耗水较多的农产品。原因在于后者在城镇化进程中服务出口小于进口，服务贸易呈现大幅逆差，且整体趋于不断增加，2015年中国服务出口2881.9亿美元，进口4248.1亿美元，逆差高达1366.2亿美元，其中耗水较少的

① 根据联合国粮农组织的统计，生产1千克肉需要10000~15000千克水（其有效使用率低于0.01%），生产1千克谷类只需400~3000千克水，约为生产肉类所需用水的5%。

② 资料来源：中国海关。

电信、计算机和信息服务、专业管理和咨询服务等新兴服务出口高于进口，顺差为297.2亿美元，耗水较多的旅游和运输传统服务出口远小于进口，表现为旅游服务和运输服务逆差分别为1237.4亿美元和488亿美元①。至于城镇化提高了制造业虚拟水足迹，主要是由于中国制造业出口规模大于进口规模，2015年中国制造业产品出口2.209万亿美元，进口1.563万亿美元，顺差0.6459万亿美元②；中国制造业产品出口结构中以纺织服装鞋类、自动数据处理设备及其部件、手持或车载无线电话、钢材、家具及其零件出口为主，进口结构中以集成电路、原油、铁矿砂及其精矿、煤进口为主，相对而言，出口结构中多是单位耗水较多的传统劳动密集型制造业产品，进口结构中多是单位耗水较少的技术含量较高的制造业产品和能源等初级产品。

东部地区城镇化水平降低了农业、制造业和服务业虚拟水足迹，东部地区城镇化对制造业虚拟水足迹的影响与中西部地区相反，原因可能是东部地区城镇化通过形成行业集聚、提升技术水平、促进产业梯度转移等优化了制造业内部结构，由劳动密集型低端制造业向技术含量较高的中高端制造业迈进，虽然东部地区制造业贸易呈现顺差状态，但由于出口更多的是耗水较少的中高端制造业产品，耗水较多的加工贸易已经有序梯度转移到中西部地区，使东部地区制造业出口虚拟水含量低于制造业进口虚拟水含量。

中国城镇化提高了农业、制造业和服务业灰水足迹，该结论也适用于三大地区，其中东部地区城镇化对农业、制造业和服务业灰水足迹的影响最小。原因在于城镇化进程中农业的粗放生产方式尚未得到根本转变，种植业、畜禽养殖业、水产养殖业、秸秆、地膜等诸多方面产生的农业面源污染，导致农业水污染较为严重，且农村地区水污染监管体制又尚未建立，使农业灰水足迹提高明显。由于东部地区在农药、化肥使用管控方面更为严格，在精准施肥和绿色防控技术、畜禽养殖粪污治理设施与技术、水产养殖尾水处理设施与技术、秸秆综合利用（肥料化、饲料化、能源化、原料化、基料化）、地膜回收加工利用等发展生态循环农业方面水平相对较高，使该地区城镇化对农业灰水足迹的影响最小。伴随着城镇化的推进，中国制造业规模日益扩大，特别是造纸、化工、钢铁、电力、食品、纺织6个行业在生产过程中产生了大量废水，致使制造业灰水足迹增加。但相对中西部地区，东部地区在制造业废水治理方面投资更多，2015年东部地区

① 资料来源：2016年中国服务贸易统计。

② 资料来源：笔者整理。

完成投资 673885 万元，平均单个省域完成投资 61262. 27 万元，中西部地区分别完成投资 215721 万元和 294534 万元，平均单个省域分别完成投资 35953. 3 万元和 21038. 14 万元，分别仅为东部地区的 58. 69%和 34. 34%①，且东部地区城市建立了相对健全的水污染综合治理监管体系，环境管制更为严格，制造业污水处理设施利用率较高，导致该地区城镇化对制造业灰水足迹的提高作用最小。城镇化在促进中国现代服务业快速发展的同时，也使住宿和餐饮业、批发和零售业、运输和邮电业等传统服务业规模增长较为明显，产生了大量服务业水污染，提高了服务业灰水足迹。相对于中西部地区，东部地区已经对生产性服务业和生活性服务业用水实施了阶梯定价，通过控制用水总量来缓解服务业水污染，同时该地区服务业水污染治理设备相对较为齐全，水生态环境规制较为严格，致使该地区城镇化对服务业灰水足迹的提高作用最小。

5.7　结论与对策建议

如何在推进新型城镇化的同时降低行业水足迹是当前亟须解决的问题之一。本章基于空间动态面板数据，利用系统 GMM 法就城镇化对行业水足迹的影响进行了实证研究，主要得到以下结论：第一，在全国层面，城镇化与行业水足迹、行业虚拟水足迹、行业灰水足迹均存在空间自相关，行业水足迹、行业虚拟水足迹、行业灰水足迹均存在空间溢出效应；城镇化提高了行业水足迹、行业虚拟水足迹和行业灰水足迹，其中城镇化降低了农业水足迹和农业虚拟水足迹，提高了农业灰水足迹，提高了制造业水足迹、制造业虚拟水足迹和制造业灰水足迹，提高了服务业水足迹和服务业灰水足迹，降低了服务业虚拟水足迹。第二，在地区层面，三大地区城镇化均导致了行业水足迹和行业灰水足迹提高，其中东部地区城镇化的提高作用较小，其城镇化降低了行业虚拟水足迹，中西部地区则相反；三大地区城镇化均降低了农业水足迹，提高了制造业和服务业水足迹，东部地区城镇化对农业水足迹的降低作用最大，对制造业水足迹和服务业水足迹的提高作用最小；东部地区城镇化降低了农业、制造业和服务业虚拟水足迹，中西部地区城镇化降低了农业和服务业虚拟水足迹，提高了制造业虚拟水足迹；三大地区城

① 资料来源：《中国统计年鉴 2016》。

镇化均提高了农业、制造业和服务业灰水足迹，其中东部地区城镇化的提高作用最小。

第一，中国尤其是中西部地区需加强城镇化内涵建设，提高城镇化质量，在推进新型城镇化进程时，要降低行业集聚成本，创新行业集聚环境，打造高端行业集聚平台，提高行业集聚能力、落实创新驱动发展战略，加大行业研发资金投入，优化资金投入方向和结构，进一步发挥市场中介作用，做优做强科技成果转化平台，提高行业自主创新能力、继续推进教育体制改革，加大教育投资，提高培训经费支出比重、优化行业结构，提升产品附加值、推进水资源市场化改革，进而通过城镇化的行业集聚效应，行业技术水平提升效应、行业人力资本提高效应、行业结构升级效应、行业水资源误置改善效应，进一步提高水资源利用效率，降低行业水足迹。同时在推进城镇化进程中，转变行业经济增长方式、优化行业投资方向，提高行业投资质量、吸引高质量外资流入、转变行业外贸增长方式，进而降低城镇化通过行业规模效应、行业投资拉动效应、行业外资外贸效应消耗的水资源量，降低行业水足迹。

第二，中国尤其是中西部地区在推进新型城镇化时，需提高农业机械化水平，发展和完善农业水利基础设施建设和节水灌溉基础设施建设，提高了农田灌溉水有效利用率，降低农业水足迹；另外，需提高人们收入，优化消费结构，改变消费方式和消费理念，引导人们增加耗水较少农产品的需求，减少耗水较多肉类农产品的需求，进而降低农业水足迹。

第三，中国尤其是中西部地区在推进新型城镇化时，需优化制造业内部结构和服务业内部结构，提高耗水较少的现代制造业和新兴服务业比重，同时完善落实制造业用水和服务业用水阶梯价格形成机制，严格监管耗水较多的低端制造业和传统服务业用水，提高制造业和服务业节水设施利用率和水资源循环利用效率，降低制造业水足迹和服务业水足迹。

第四，中国尤其是中西部地区在城镇化进程中需积极推动行业出口结构优化，提升行业出口产品质量，减少出口虚拟水量，降低行业虚拟水足迹，具体是进一步优化农产品、制造业产品和服务业出口结构，通过减少单位耗水较多的农产品出口，增加单位耗水较少的农产品出口、减少耗水较多的劳动密集型制造业产品出口，增加耗水较少的技术密集型制造业产品出口、减少耗水较多的传统服务业出口，增加耗水较少的新兴服务业出口，降低农业虚拟水足迹、制造业虚拟水足迹和服务业虚拟水足迹。

第五，中国尤其是中西部地区需在城镇化进程中提高行业水生态环境意识，

进一步完善行业污水处理收费制度和污水处理设施，提高设施利用率，适度提升行业环境规制水平，增强执行力，降低行业灰水足迹。具体而言，转变农业粗放生产方式，建立完善农业水污染监管体制，严格农药、化肥使用管控，逐步实施精准施肥，提高绿色防控技术、畜禽养殖粪污治理技术、水产养殖尾水处理技术、秸秆综合利用技术和地膜回收加工利用技术，完善畜禽养殖粪污治理设施与水产养殖尾水处理设施等，发展生态循环农业，降低种植业、畜禽养殖业、水产养殖业、秸秆、地膜等农业面源污染导致的农业灰水足迹。加大城镇化进程中制造业废水和服务业废水治理投资，完善制造业和服务业水污染处理设施，健全制造业和服务业水污染综合治理监管体系，提高制造业和服务业环境管制水平，进而降低制造业和服务业灰水足迹。

第六，须发挥统筹协调能力，消除省域行业间封锁和壁垒，通过政府引导，推动建立水资源跨省域利用的长效机制，利用空间溢出效应进一步降低行业水足迹、行业虚拟水足迹和行业灰水足迹。

第6章　城镇化对水资源利用的非线性影响

6.1　研究现状

相关文献对城镇化进程中水资源需求、用水量及结构、水污染等变化情况进行了研究，但并未就城镇化与水资源利用指标间进行计量回归分析。仅是在研究城镇化与水资源环境耦合关系以及城镇化对水资源脆弱性的影响时，对城镇化与水资源消耗的关系进行了分析，但这些研究均是局限于单个地区、流域和城市。部分学者则对城镇化水平与水资源利用关系进行了定量研究，但多是利用线性模型实证检验城镇化对水资源利用的影响，得出的结论也不尽一致。这些文献在回归时，几乎均未考虑到内生性问题会对估计结果可靠性产生的影响，个别学者虽然利用工具变量法和系统广义矩估计法克服内生性问题，但目前尚缺乏可靠有效的工具变量，系统广义矩估计法也存在检验统计量偏大、估计结果有偏、经济处于稳态均衡附近的适用条件过于严格等缺陷。同时，现有文献几乎均是将中国划分为东部、中部和西部三大地区或划分为东部、中部、东北、西部四大地区进行实证检验，这种基于区位角度的分组是外生分组，并不是依据所研究变量的地区异质性进行的内生分组，这有可能导致计量结果分析时不够准确，致使分析结果停留在地区层面。

另外，城镇化与水资源利用在不同地区存在的异质性可能致使城镇化对水资源利用存在非线性影响，而目前现有研究仅是验证了城镇化能耗库兹涅茨曲线是否存在，个别学者采用面板门限回归模型和面板平滑转换回归模型（PSTR）分析了城镇化与能源消费间的非线性关系，但鲜有学者利用这两种模型实证分析城镇化对水资源利用的影响。由于基于面板门限回归模型的计量结果往往由于模型本身要求变量在阈值两侧瞬间发生突变，实现不同状态转换，一般变量显然难以符合该要求，这导致该模型的回归结论可能不可靠。而 PSTR 模型能避免外生分组带来的样本量减小和分组标准武断等不足，能较好地刻画数据的截面异质性，允许回归参数逐步发生变化，同时能有效解决内生性问题。本章基于 1998~2014 年城市动态面板数据，使用 PSTR 模型实证研究城镇化对水资源利用的非线性影响。

6.2 模型构建、变量测度和数据说明

6.2.1 PSTR 模型

González 等（2005）提出的 PSTR 模型一般形式为：

$$y_{it}=u_i+\beta_0 x_{it}+\beta_1 x_{it} g(q_{it};\ r,\ c)+\varepsilon_{it} \quad (6-1)$$

其中，i、t、y、x、q_{it}、r、c、μ、ε 分别表示城市、时间、因变量、自变量、转换变量、平滑参数、转换发生的位置参数、截面固定效应和随机干扰项，r 决定了转换速度，c 决定了转换发生位置，转换函数 $g(q_{it};\ r,\ c)\in[0,\ 1]$ 是 q_{it} 的连续有界函数。

目前常用的转换函数为：

$$g(q_{it};\ r,\ c)=\left\{1+\exp\left[-r\prod_{z=1}^{m}(q_{it}-c_z)\right]\right\}^{-1},\ (r>0,\ c_1<c_2\cdots\leqslant c_m) \quad (6-2)$$

其中，m 表示位置参数个数，一般取值为 1 或 2；$g(q_{it};\ r,\ c)=0$ 和 $g(q_{it};\ r,\ c)=1$ 时，分别称模型为低体制和高体制；c 为低体制向高体制转换的临界值。另外，在估计 PSTR 模型的参数前，还必须检验模型的非线性关系是否存在，是否适合构建 PSTR 模型，即需对截面异质性检验，一般构造 LM 和 LM_F 统计量进行检验。具体公式如下：

$$LM=TN(SSR_0-SSR_1)/SSR_0 \quad (6-3)$$

$$LM_F=[(SSR_0-SSR_1)/mK]/[SSR_0/(TN-N-m(K+1))] \quad (6-4)$$

其中，K、SSR_0、SSR_1 分别表示自变量个数、线性固定效应模型残差平方

和、线性辅助回归模型残差平方和，LM 服从 χ^2 分布，LM_F 服从 F 分布。如果检验接受不含有异质性的线性模型原假设，说明不适合构建 PSTR 模型，相反如果检验拒绝原假设，则说明适合构建 PSTR 模型，那么还需检验有无剩余非线性效应，进一步确定位置参数的个数。最后可运用固定效应模型的组内回归和非线性最小二乘法估计 PSTR 模型的参数。

6.2.2 模型构建

分别依据相关研究，选择以下变量作为转换变量。

（1）经济发展水平（Eco）。现有研究一般认为当经济发展水平较低时，水资源利用总量较低，经济不断发展将提高水资源利用总量。但当经济发展水平越过门槛值时，水资源利用总量将会下降，即两者关系呈现倒 U 形。由于中国各地区经济发展水平存在异质性，因此，尚不清楚各地区处于倒 U 形的哪一部分，但可以肯定的是经济发展水平是水资源利用的重要影响因素，且经济发展水平高的地区，往往城镇化水平也较高，因此，经济发展水平也是城镇化影响水资源利用的重要变量。

（2）产业结构（Ind）。现有文献表明产业结构对水资源利用的影响也是倒 U 形的，即经济发展初期，农业和轻工业在产业结构中占比较高，此时水资源利用总量较低。进入工业化阶段，产业结构中低端制造业和传统服务业占比较高，会消耗大量水资源，但当产业结构中以高端制造业和现代服务业为主时，水资源利用总量又趋于降低。故产业结构水平对水资源利用总量有影响，而中国各地区产业结构水平不同，这直接影响城镇化进程，产业结构水平高的地区，往往城镇化水平较高，城镇化进程中主要从事的是技术密集型产品生产和提供现代服务，这有助于提高水资源利用效率，降低水资源利用总量。因此，产业结构也是城镇化影响水资源利用总量的重要因素之一。

（3）技术进步（Tol）。一般认为，城镇化有助于降低技术进步成本，推动节水和水污染控制技术在内的各项技术外溢和扩散，有助于提高水资源利用效率，减少水资源利用。但技术进步本身就有助于提高城镇化进程中水资源利用效率，降低单位产品生产的水资源利用强度，减少水资源利用总量。由于技术进步存在水资源回弹效应与经济增长效应，可能会导致城镇化进程中水资源利用总量降低的效果减弱。可见，技术进步也是城镇化影响水资源利用的重要变量。

（4）要素聚集程度（Faa）。城镇化提高了劳动力、资本等要素市场的流动性和竞争性，有助于要素重新配置，形成要素集聚，产生规模经济，提高水资源利用效率，降低水资源消耗强度。但同时劳动力、资本等要素集聚带动了城市基础设施建设方面的固定资产投资，形成的供水设施、节水设施、排水设施、污水处理设施因而被更多企业和居民分享，有助于提高水资源利用效率，减少水资源利用总量。故要素集聚程度也是城镇化影响水资源利用的重要因素。由于我国不同地区要素集聚程度存在差异，要素集聚程度作用城镇化对水资源利用的具体影响有待进一步检验。

（5）对外贸易（Tra）和外资（Fdi）。一国（地区）对外贸易和外资主要通过规模效应、技术效应、结构效应等影响水资源利用总量，其中通过规模效应增加了水资源利用，通过技术效应和结构效应对水资源利用的影响不确定。因此，对外贸易和外资对水资源利用的影响取决于上述三种效应的综合作用。而我国不同地区的对外贸易额和引进外资差距较大，一般对外贸易额和引进外资较多的地区，参与国际经济活动的能力较强，有利于吸纳转移的农村劳动力，促进城镇化，故我国对外贸易额和引进外资较多的地区往往城镇化水平较高。因此，对外贸易和外资也是城镇化影响水资源利用的两个重要变量。

（6）要素市场扭曲（Fsn）。首先，落后产能由于在要素市场扭曲中要素价格低估而未被淘汰，其生产过程中利用了大量水资源；其次，要素市场扭曲不利于技术进步和经济增长方式转变，对水资源利用效率提高产生了负面影响；最后，要素市场扭曲所滋生的寻租行为导致要素配置效率较低，更多要素分配给了生产效率较低的有政治关联的企业，导致水资源没有有效利用。要素市场扭曲不利于提高水资源利用效率，致使水资源利用总量增加。因此，要素市场扭曲也是城镇化影响水资源利用的重要变量之一。

（7）人力资本（Hca）。内生经济增长理论认为，人力资本是促进一国（地区）技术进步的重要因素。首先，人力资本通过促进技术研发和技术扩散提高生产率，进而提升水资源利用效率，降低水资源消耗；其次，人力资本提高有助于吸收对外贸易和外资的技术外溢效应，提高生产率，降低水资源利用总量；再次，人力资本有助于改善地区要素禀赋和比较优势，降低产业结构中高水耗产业比重，提高技术知识密集型产业比重，进而减少水资源利用总量；最后，人力资本提高推进了城市文明，有助于节约水资源和减少水污染强度。因此，人力资本也是城镇化影响水资源利用的重要因素。

在纳入上述转换变量后，考虑本期水资源利用总量往往受上一期水资源利用总量影响，以及影响水资源利用的其他因素较多，难以在模型中均纳入，在模型中引入滞后一期的水资源利用总量，因变量水资源利用总量 Wru 和自变量城镇化

Urb 取对数形式，最终构建了以下 PSTR 模型：

$$\ln Wru_{it}=u_i+\alpha_0\ln Wru_{it-1}+\beta_0\ln Urb_{it-1}+(\alpha_1\ln Wru_{it-1}+\beta_1\ln Urb_{it-1})\times g(Eco_{it},r,c)+\varepsilon_{it} \quad (6-5)$$

$$\ln Wru_{it}=u_i+\alpha_0\ln Wru_{it-1}+\beta_0\ln Urb_{it-1}+(\alpha_1\ln Wru_{it-1}+\beta_1\ln Urb_{it-1})\times g(Ind_{it},r,c)+\varepsilon_{it} \quad (6-6)$$

$$\ln Wru_{it}=u_i+\alpha_0\ln Wru_{it-1}+\beta_0\ln Urb_{it-1}+(\alpha_1\ln Wru_{it-1}+\beta_1\ln Urb_{it-1})\times g(Tol_{it},r,c)+\varepsilon_{it} \quad (6-7)$$

$$\ln Wru_{it}=u_i+\alpha_0\ln Wru_{it-1}+\beta_0\ln Urb_{it-1}+(\alpha_1\ln Wru_{it-1}+\beta_1\ln Urb_{it-1})\times g(Faa_{it},r,c)+\varepsilon_{it} \quad (6-8)$$

$$\ln Wru_{it}=u_i+\alpha_0\ln Wru_{it-1}+\beta_0\ln Urb_{it-1}+(\alpha_1\ln Wru_{it-1}+\beta_1\ln Urb_{it-1})\times g(Tra_{it},r,c)+\varepsilon_{it} \quad (6-9)$$

$$\ln Wru_{it}=u_i+\alpha_0\ln Wru_{it-1}+\beta_0\ln Urb_{it-1}+(\alpha_1\ln Wru_{it-1}+\beta_1\ln Urb_{it-1})\times g(Fdi_{it},r,c)+\varepsilon_{it} \quad (6-10)$$

$$\ln Wru_{it}=u_i+\alpha_0\ln Wru_{it-1}+\beta_0\ln Urb_{it-1}+(\alpha_1\ln Wru_{it-1}+\beta_1\ln Urb_{it-1})\times g(Fsn_{it},r,c)+\varepsilon_{it} \quad (6-11)$$

$$\ln Wru_{it}=u_i+\alpha_0\ln Wru_{it-1}+\beta_0\ln Urb_{it-1}+(\alpha_1\ln Wru_{it-1}+\beta_1\ln Urb_{it-1})\times g(Hca_{it},r,c)+\varepsilon_{it} \quad (6-12)$$

6.2.3 变量测度和数据说明

首先，分别采用水资源用水总量和城镇人口数占总人口数比重衡量因变量和自变量；其次，分别用各城市人均 GDP、第三产业产值占 GDP 的比重、资本劳动比①、进出口总额占 GDP 比重、实际利用外资金额占 GDP 比重来分别衡量经济发展水平、产业结构、技术进步、对外贸易和外资②；关于要素集聚程度，用劳动要素集聚和资本要素集聚的平均值来衡量，其中劳动要素集聚=（某市工业就业人数/全省工业总就业人数）/（该市全部就业人数/全省总就业人数）③，同

① 资本采用永续盘存法计算得到，公式为 $K_{it}=I_{it}/P_{it}+(1-\delta)K_{it-1}$，其中，$I_{it}$ 表示第 i 个城市第 t 年的全社会固定资产投资，P_{it} 表示固定资产投资价格指数（以 1998 年为 100），δ 表示资本折旧率，采用国际上惯常的做法，将其设定为 5%，至于初始年份 1998 年各城市的资本存量，本章通过式 $K_{i1998}=I_{i1998}/(0.03+Z_i)$ 求出，其中，Z_i 表示第 i 个城市 1998~2014 年的 GDP 平均增长率。劳动力数量用各城市年末就业人数来衡量。

② 对于测度变量中涉及的 GDP，均用 GDP 折算指数（以 1998 年为 100）对各城市原始数据进行折算。

③ 直辖市的劳动要素集聚=（该市工业就业人数/全国工业总就业人数）/（该市全部就业人数/全国总就业人数）。

理可得到资本要素集聚。对于要素市场扭曲的测度，采用张杰等（2011）的做法来衡量，其中涉及城市层面的各市场化指数均依据樊纲等（2012）的方法计算得到。关于人力资本测度，采用阚大学和罗良文（2013）的做法，利用平均受教育程度来衡量。

本章选择的样本时间为 1998~2014 年。相关变量原始数据源自《中国水资源公报》、《中国城市统计年鉴》、《中国城市发展报告》、《中国县（市）社会经济统计年鉴》、各地的统计年鉴、水资源公报和水利统计年报。各变量的描述统计量如表 6-1 所示。

表 6-1　描述性统计结果

变量	lnWru	lnUrb	lnEco	lnInd	lnTol	lnFaa	lnTra	lnFdi	lnFsn	lnHca
均值	2.797	-1.245	9.124	-0.942	0.567	1.580	-1.896	-4.713	-0.895	2.092
中间值	2.376	-1.134	9.221	-0.968	-0.013	1.491	-1.818	-4.525	-0.884	2.087
最大值	4.663	-0.113	12.007	-0.281	2.566	1.964	0.604	-2.238	-0.109	2.499
最小值	1.629	-2.303	7.634	-1.288	-2.039	0.812	-4.017	-7.236	-2.262	1.947

6.3　实证结果分析

6.3.1　非线性检验

对上述构建的八个 PSTR 模型利用 LM 和 LM_F 统计量进行非线性检验，结果如表 6-2 所示，由表 6-2 可知，在 H_0：r=0，H_1：r=1 时，所有模型的 LM 和 LM_F 统计量均拒绝了原假设，表明所有模型均至少有一个位置参数的非线性模型，故选择非线性模型是合适的，即经济发展水平、产业结构、技术进步等八个转换变量作用城镇化对水资源利用的影响存在显著的非线性特征。进一步检验发现，在 H_0：r=1，H_1：r=2 时，模型 5、模型 6、模型 8、模型 9、模型 11 的 LM 和 LM_F 统计量拒绝了原假设：至少有一个位置参数的非线性模型接受了在 H_0：r=2，H_1：r=3 时有两个位置参数的非线性模型假设，表明模型 5、模型 6、模型 8、模型 9、模型 11 的最优位置参数为两个。在 H_0：r=1，H_1：r=2 时，模型 7、模型 10、模型 12 的 LM 和 LM_F 统计量均接受了原假设，说明模型 7、模型 10、模型 12 的最优位置参数均为一个。此外，模型 2 的 LM 和 LM_F 统计量最大，表明产业结构对城镇化的水资源利用效应最重要。

表 6-2　非线性检验结果

模型	转换变量	H_0: r=0, H_1: r=1		H_0: r=1, H_1: r=2		H_0: r=2, H_1: r=3	
		LM	LM_F	LM	LM_F	LM	LM_F
模型 5	Eco	48.997 (0.000)	50.503 (0.000)	23.579 (0.032)	25.661 (0.014)	2.298 (0.186)	1.686 (0.285)
模型 6	Ind	52.284 (0.001)	54.225 (0.000)	25.550 (0.027)	25.906 (0.035)	3.217 (0.162)	2.359 (0.257)
模型 7	Tol	16.278 (0.000)	17.269 (0.004)	2.263 (0.146)	2.002 (0.168)	—	—
模型 8	Faa	44.135 (0.000)	45.640 (0.000)	19.313 (0.002)	19.247 (0.009)	1.544 (0.143)	1.132 (0.174)
模型 9	Tra	32.853 (0.000)	34.135 (0.000)	14.614 (0.015)	15.731 (0.032)	2.056 (0.137)	1.689 (0.178)
模型 10	Fdi	21.031 (0.000)	22.263 (0.006)	2.359 (0.157)	2.196 (0.180)	—	—
模型 11	Fsn	35.579 (0.000)	36.582 (0.000)	16.728 (0.035)	16.583 (0.027)	2.315 (0.139)	2.146 (0.153)
模型 12	Hca	17.076 (0.000)	18.081 (0.000)	1.924 (0.112)	1.785 (0.129)	—	—

注：括号内为统计量对应的 p 值。

6.3.2　估计结果

采用非线性最小二乘法估计上述八个 PSTR 模型，具体结果如表 6-3 所示。

表 6-3　估计结果

转换变量	模型 5 Eco	模型 6 Ind	模型 7 Tol	模型 8 Faa	模型 9 Tra	模型 10 Fdi	模型 11 Fsn	模型 12 Hca
α_0	0.235 (0.086)	0.252 (0.074)	0.203 (0.098)	0.171 (0.090)	0.197 (0.062)	0.206 (0.073)	0.224 (0.067)	0.210 (0.093)

续表

转换变量	模型 5 Eco	模型 6 Ind	模型 7 Tol	模型 8 Faa	模型 9 Tra	模型 10 Fdi	模型 11 Fsn	模型 12 Hca
β_0	0.717 (0.069)	0.553 (0.075)	-0.164 (0.043)	-0.193 (0.086)	0.925 (0.034)	0.088 (0.057)	0.436 (0.058)	-0.118 (0.062)
α_1	0.058 (0.073)	0.046 (0.064)	0.065 (0.087)	0.058 (0.053)	0.049 (0.071)	0.042 (0.076)	0.032 (0.049)	0.037 (0.045)
β_1	-0.511 (0.075)	-0.798 (0.083)	-0.182 (0.068)	-0.214 (0.057)	-0.678 (0.065)	-0.063 (0.091)	0.281 (0.046)	-0.169 (0.054)
r	1.102	1.417	1.253	1.369	1.286	1.034	1.275	1.181
c	$c_1=1.017$ $c_2=6.262$	0.469	5.960	1.756	$c_1=0.031$ $c_2=0.424$	$c_1=0.003$ $c_2=0.035$	0.698	9.329
AIC	-1.954	-3.235	-2.891	-2.372	-2.153	-2.448	-2.096	-1.907
BIC	-1.369	-2.607	-2.252	-1.824	-1.578	-1.901	-1.463	-1.384

注：括号内为统计量对应的 p 值。

由表 6-3 可知，所有模型的各变量估计系数在不同水平上显著，说明各地区城镇化对水资源利用总量存在非线性影响，各地区城镇化对水资源利用总量的影响存在显著的异质性，城镇化对水资源利用总量影响的弹性系数被转换变量分成了若干个体制，各弹性系数在体制间平滑转换。

（1）经济发展水平与城镇化对水资源利用总量的影响。模型 5 估计结果表明，$\beta_0=0.717$，$\beta_1=-0.511$，$r=1.102$，c 有两个，$c_1=1.017$，$c_2=6.262$，说明经济发展水平对城镇化进程下水资源利用总量的影响具有双门槛的非对称特征。当 Eco 位于 1.017 万~6.262 万元时，模型处于中间体制，城镇化对水资源利用总量影响的弹性系数为 0.717，即城镇化水平提高 1%，水资源利用总量提高 0.717%，共有 5547 个的样本观测值处于中间体制，占样本总数的 49.46%；当 Eco<1.017 万元或者 Eco>6.262 万元时，模型处于外体制，城镇化对水资源利用总量影响的弹性系数为 0.206，即城镇化水平提高 1%，水资源利用总量提高 0.206%，共有 5669 个的样本观测值处于外体制，占样本总数的 50.54%。因此，在其他条件不变的前提下，经济发展水平较低和经济发展水平较高地区城镇化对水资源利用总量的提高作用均较小，经济发展水平中等地区的提高作用则较大。以 2014 年为例，和田、定西、临夏等 326 个城市经济发展水平较低，人均 GDP 均低于 1.017 万元时，处于外体制；广州、深圳、北京、南京、杭州、天津、青岛、上海、厦门等77个城市经济发展水平较高，人均GDP均超过了6.262万元时，也处于外体制；而太原、马鞍山、徐州、湘潭、昆明等261个城市均处于中间体制，说明处于中间体制的城市亟须转变经济增长方式，走新型城镇化道路，提高水资源利用效率。外体制中经济发展水平较低的城市同样需提高城镇化质量，避免当经济发展由外体制进入中间体制所带来的水资源利用总量大幅提高。从模型5的估计结果还可知，r=1.102，表明随着经济发展水平的提高，城镇化对水资源利用总量的影响在体制间平滑转换，变化速率为1.102。

（2）产业结构与城镇化对水资源利用总量的影响。模型6估计结果表明，$\beta_0=0.553$，$\beta_1=-0.798$，c=0.469，其中位置参数将模型分为两个体制，当Ind<0.469时，模型处于低体制，城镇化对水资源利用总量影响的弹性系数为0.553，即城镇化水平提高1%，水资源利用总量提高0.553%，共有10895个的样本观测值处于低体制，占样本总数高达97.14%；当Ind>0.469时，模型处于高体制，城镇化对水资源利用总量影响的弹性系数为-0.245，即城镇化水平提高1%，水资源利用总量下降0.245%，共有321个的样本观测值处于高体制，仅占样本总数的2.86%。因此，在其他条件不变前提下，第三产业占GDP比重较低，产业结构滞后的地区城镇化提高了水资源利用总量。反之，产业结构水平高的地区城镇化则有助于水资源利用总量降低。以2014年为例，北京、济南、南京、天津、哈尔滨、东莞、上海、厦门、武汉等41个城市产业结构水平较高，第三产业占GDP比重均超过了0.469时，处于高体制，城镇化降低了水资源利用总量，而其他城市均处于低体制，城镇化提高了水资源利用总量，说明处于低体制的城市在走新型城镇化道路时，需优化调整产业结构，促进其转型升级，进而降低水资源利用强度及其总量。从模型6的估计结果还发现，r=1.417，表明城镇化对水资源利用总量的影响随产业结构的变化在体制间平滑转换，变化速率为1.417。

（3）技术进步与城镇化对水资源利用总量的影响。模型7估计结果表明，$\beta_0=-0.164$，$\beta_1=-0.182$，说明技术进步有助于城镇化降低水资源利用总量；位置参数c=5.960，其将模型分为两个体制，当Tol<5.960时和Tol>5.960时，模型分别处于低体制和高体制，相应城镇化对水资源利用总量影响的弹性系数分别为-0.164和-0.346，即城镇化水平提高1%，低体制中水资源利用总量下降0.164%，高体制中则下降0.346%，样本中有95.68%的观测值处于低体制，剩下4.32%的观测值处于高体制。说明在其他条件不变前提下，技术进步越显著的地区城镇化更有利于水资源利用总量降低。以2014年为例，北京、沈阳、南京、武汉、上海、杭州、西安等79个城市处于高体制，这些城市在研发资金投入、

知识产权保护等方面力度较大，技术进步较快，使城镇化对水资源利用总量的降低作用更为明显，而其他城市均处于低体制，技术进步不显著，城镇化对水资源利用总量的降低作用较小。从模型7的估计结果还发现，平滑参数 r=1.253，表明随着技术进步的变化，城镇化对水资源利用总量的影响在体制间平滑转换，变化速率为1.253。

（4）要素集聚程度与城镇化对水资源利用总量的影响。从模型8估计结果可知，β_0 和 β_1 均为负值，说明要素集聚程度提高有助于城镇化降低水资源利用总量；位置参数 c=1.756，其将模型分为高低两个体制，城镇化对水资源利用总量的影响随要素集聚程度的变化在体制间平滑转换，变化速率为1.369；从城镇化对水资源利用总量影响的弹性系数可知，城镇化水平提高1%，低体制和高体制中水资源利用总量分别下降0.193%和0.407%，样本中有10451个的观测值处于低体制，占样本总数93.18%，765个的观测值处于高体制，仅占6.82%，说明在其他条件不变情况下，要素集聚程度越高的地区城镇化越有利于水资源利用总量降低。以2014年为例，北京、上海、南京、武汉、郑州、广州、杭州、西安、重庆、成都等52个城市处于高体制，这些城市劳动力和资本等要素集聚程度较高，规模经济效应明显，致使城镇化对水资源利用总量的降低作用更为显著，而其他城市均处于低体制，要素集聚程度较低，城镇化对水资源利用总量的降低作用较小。

（5）对外贸易与城镇化对水资源利用总量的影响。从模型9估计结果可知，位置参数 $c_1=0.031$，$c_2=0.424$，说明对外贸易对城镇化进程下水资源利用总量的影响具有双门槛的非对称特征。当 Tra 位于0.031~0.424时，模型处于中间体制；当 $Tra<0.031$ 或者 $Tra>0.424$ 时，模型处于外体制，城镇化对水资源利用总量的影响随对外贸易的变化在体制间平滑转换，变化速率为1.286；样本中处于中间体制和外体制的观测值分别占样本总数的92.22%和7.78%，大多数观测值处于中间体制。模型9估计结果还表明，中间体制和外体制相应城镇化对水资源利用总量影响的弹性系数分别为0.925和0.247，即城镇化水平提高1%，中间体制和外体制中水资源利用总量分别提高0.925%和0.247%。因此，在其他条件不变前提下，进出口额占GDP比重较低和较高地区分别由于外贸金额较小和外贸质量较高，使城镇化对水资源利用总量的提高作用均较小，进出口额占GDP比重中等地区外贸质量较低，主要从事高耗水的劳动密集型制造业产品出口，外贸技术外溢效应不明显，致使城镇化对水资源利用总量的提高作用较大。以2014年为例，北京、天津、大连、上海、杭州、宁波、厦门、青岛、广州、深圳等

56 个城市处于外体制，这些城市对外贸易对城镇化进程下水资源利用总量的正面影响较小，而处于中间体制的其他城市对外贸易产生的正面影响则较大。

（6）外资与城镇化对水资源利用总量的影响。从模型 10 估计结果可知，位置参数 $c_1=0.003$，$c_2=0.035$，说明外资对城镇化进程下水资源利用总量的影响也具有双门槛的非对称特征。当 Fdi 位于 c_1 和 c_2 时，模型处于中间体制；当 $Fdi<c_1$ 或者 $Fdi>c_2$ 时，模型处于外体制，中间体制和外体制中城镇化水平提高 1%，水资源利用总量分别提高 0.088% 和 0.025%，样本中处于中间体制和外体制的观测值分别占 91.03% 和 8.97%。同时由于 $r=1.034$，说明随着外资的变化，城镇化对水资源利用总量的影响在体制间平滑转换，变化速率为 1.034。从模型 10 估计结果还发现，在其他条件不变情况下，实际利用外资金额占 GDP 比重较低和较高地区分别由于外资金额较小和实际利用外资质量较高，致使城镇化进程中水资源利用效应较小，实际利用外资金额占 GDP 比重中等地区实际利用外资质量较低，在城镇化进程中外资多是进入耗水量较多的劳动密集型制造业和房地产等传统服务业，外资技术外溢效应较低，致使城镇化进程中水资源利用总量较大。以 2014 年为例，天津、沈阳、大连、上海、杭州、厦门、青岛、南昌、重庆、成都、西安等 74 个城市处于外体制，这些城市外资对城镇化水资源利用效应的正面影响较小，而其他城市均处于中间体制，外资对城镇化水资源利用效应的正面影响较大。

（7）要素市场扭曲与城镇化对水资源利用总量的影响。模型 11 估计结果表明，β_0 和 β_1 均为正值，说明要素市场扭曲导致城镇化提高了水资源利用总量。位置参数只有一个，其将模型分为高低两个体制，其中要素市场扭曲程度低的低体制中城镇化对水资源利用总量的影响较小，高体制中城镇化对水资源利用总量的影响则较大，且该影响随要素市场扭曲程度的变化在高低体制间平滑转换，变化速率为 1.275。样本中 90.13% 的观测值处于高体制，9.87% 的观测值处于低体制。以 2014 年为例，北京、天津、大连、上海、杭州、哈尔滨、太原、成都、长春、昆明、兰州等 95 个城市处于低体制，这些城市要素市场扭曲对城镇化水资源利用效应的正面影响较小；其他城市则处于高体制，这些城市要素市场扭曲程度较高，导致城镇化进程中落后产能锁定效应与水资源误置，使城镇化对水资源利用总量的提高作用较大。

（8）人力资本与城镇化对水资源利用总量的影响。模型 12 的估计结果表明，β_0 和 β_1 均为负值，说明人力资本提高有助于城镇化降低水资源利用总量。$c=9.329$，将模型分为高低两个体制，低体制地区中人力资本水平较低，城镇化水平提高 1%，水资源利用总量下降 0.118%；高体制地区中人力资本水平较高，城镇化水平提高 1%，水资源利用总量下降 0.287%。随着人力资本变化，城镇化对水资源利用总量的影响在高低体制间平滑转换，变化速率为 1.181。样本中仅小部分观测值处于高体制，占 7.84%。以 2014 年为例，北京、天津、沈阳、长春、哈尔滨、上海、南京、广州、武汉、西安等 67 个城市人力资本水平较高，处于高体制，这些城市人力资本通过促进技术研发与扩散，提高技术外溢效应吸收，改善要素禀赋，优化产业结构，推进城市文明等渠道，较为显著地提高了城镇化进程中水资源利用效率，进而城镇化降低水资源利用总量的效果比较好；其他城市人力资本水平较低，处于低体制，城镇化对水资源利用总量的降低作用较小。

6.4　结论与政策建议

基于 1998~2014 年城市动态面板数据，运用 PSTR 模型检验了城镇化对水资源利用总量的影响，结果发现各地区城镇化对水资源利用总量的影响是非线性的，该影响随各城市经济发展水平、产业结构、技术进步、要素聚集程度、对外贸易、外资、要素市场扭曲和人力资本变化而不同。其中经济发展水平、对外贸易和外资对城镇化的水资源利用效应具有双门槛的非对称特征，存在两个位置参数，将各城市分为中间体制与外体制，处于外体制中经济发展水平较高城市与较低城市，城镇化对水资源利用总量的提高作用较小，处于中间体制的中等经济发展水平城市，城镇化对水资源利用总量的提高作用较大。该结论也适用于对外贸易和外资两个转换变量。基于产业结构的研究表明，只存在一个位置参数，该参数将各城市分为高低两个体制，高体制中产业结构水平较高，城镇化降低水资源利用总量；低体制中产业结构水平较低，城镇化提高了水资源利用总量；基于技术进步、要素集聚程度和人力资本的研究表明，技术进步、要素集聚程度和人力资本提高均有助于城镇化降低水资源利用总量，也均只存在一个位置参数，该参数将各城市分为高低两个体制，在两个体制中，技术进步、要素集聚程度和人力资本对城镇化进程中水资源利用总量产生的降低作用不同。基于要素市场扭曲的研究表明，要素市场扭曲导致城镇化提高了水资源利用总量，位置参数也将各城市分为高低两个体制，低体制中要素市场扭曲对城镇化水资源利用效应的正面影响较小，高体制中产生的正面影响则较大。此外，随着上述八个转换变量水平变化，城镇化对水资源利用总量的影响在体制间平滑转换。

基于上述结论，提出以下政策建议：

第一，是提高经济发展水平，转变粗放型经济增长方式，走新型城镇化道路，提高城镇化质量；在发展对外贸易的同时，需重点培育外贸新业态，探索外贸转型发展新路径，提高外贸质量，同时需丰富外资利用形式，改进和完善招商方式，拓宽招商领域，加大部分领域引资力度，开辟利用外资新的增长点，提升外资质量；努力缩短经济发展水平、对外贸易和外资较低城市处于中间体制的时间，使中等经济发展水平、对外贸易和外资的城市进入外体制中，进而降低城镇化对水资源利用总量的提高幅度。

第二，着眼于第三产业新业态、新体制，推动第三产业集聚发展、多元发展，进而提高新兴服务业比重，推进产业结构升级，使处于低体制的城市进入高体制中，以此发挥城镇化来降低水资源利用总量的作用。

第三，改革和完善各种要素的市场定价机制，推进要素市场的市场化进程，减少政府对劳动力、资本、土地等要素市场的干预和管制，提高要素市场流动性，降低要素市场扭曲程度，使处于高体制的城市进入低体制中，进而降低城镇化对水资源利用总量的提高幅度。

第四，加强知识产权保护力度，增加研发投入，减少技术创新成本，降低创新风险，提高技术创新回报，推动技术进步；同时整合资源，搭建服务平台，推进产业融合，以产业集聚引导要素集聚，提高要素集聚程度；另加强教育培训，增加人力资本投入，提高其投资收益率，提升人力资本素质，使技术进步、要素集聚程度和人力资本处于低体制的城市进入高体制中，从而更好地发挥城镇化降低水资源利用总量的作用。

第7章　城镇化对水资源利用效率的影响

本章将基于水足迹视角实证研究我国城镇化对水资源利用效率的影响，即实证分析城镇化对水足迹效益的影响，基于1998~2014年城市层面数据，构建空间动态面板模型，运用空间纠正系统GMM法实证分析，并分地区分城市类型研究。这对于推进新型城镇化、提高水足迹效益、缓解水资源供需矛盾具有重要的现实意义。

7.1　模型构建、变量测度和数据说明

7.1.1　模型构建

依据国内外相关文献，结合本章研究需要，设定以水足迹效益（EFX）为被解释变量，城镇化水平（UR）为解释变量，同时纳入控制变量的空间动态面板模型：

$$lnEFX_{it}=C+\gamma lnEFX_{it-1}+\rho WlnEFX_{it}+\beta_1 lnUR_{it}+\lambda Z_{it}+\mu_i+\phi_t+\varepsilon_{it} \quad (7-1)$$

$$\varepsilon_{it}=\varphi W\varepsilon_{it}+\upsilon_{it} \quad (7-2)$$

其中，i表示第i个城市，t表示第t年，Z表示控制变量，包括经济规模（ES）、产业结构（IS）、技术进步（TE）、居民收入水平（PI）、对外贸易（TR）、外资（FI），并且由于上一期的水足迹效益会影响到当期水足迹效益以及涵盖未考虑到的其他影响水足迹效益因素，加入水足迹效益的滞后项。μ、ϕ、ε、W分别为个体虚拟变量、时间虚拟变量、随机误差项、空间权重矩阵①。

① 空间权重矩阵采用0-1权重矩阵。

7.1.2 变量测度与数据说明

首先，关于水足迹效益测度。本章采用人均水足迹、水足迹强度、水足迹土地密度和水足迹废弃率4个指标来衡量。其中人均水足迹用水足迹与城市人口数的比值测度，反映城市水资源支撑人口的能力；水足迹强度用城市单位GDP所占的水足迹测度，反映城市水资源消耗产生的经济效益；水足迹土地密度用城市单位面积的水足迹测度，反映空间上城市耗用的水资源量；水足迹废弃率用城市废水量与水足迹的比值测度，反映城市清洁利用水资源的能力。4个指标测算中所用到的水足迹测度，则是在生态足迹计算模型基础上，构建水足迹核算模型进行，具体是水足迹=淡水水足迹+水污染足迹。其中，淡水水足迹$=N\times W_f=a_w\times A_i/P_w$，其中，$N$、$W_f$、$a_w$、$A_i$、$P_w$分别表示人口总数、人均淡水足迹、水资源均衡因子、某类水资源使用量、全球水资源平均生产能力[①]。水污染足迹的计算则是基于污染物吸纳理论基础之上的“灰色水”理论，水污染足迹$=b\times F/P_w$，其中，b表示消纳生产和生活废水至环境可接受的水资源倍数因子，F表示废水排放总量。相关原始数据源自《中国水资源统计公报》、《中国城市统计年鉴》、《中国城市发展报告》、《中国县（市）社会经济统计年鉴》、各地的统计年鉴、水资源公报和水利统计年报。

其次，关于城镇化水平测度。本章借鉴第3章的做法，结合数据可获得性，分别从人口城镇化、经济城镇化、社会城镇化和空间城镇化4方面构建共计39个细分指标来测度城镇化水平。为了消除指标数据在量纲和数量级上的差别，使用Z得分值法进行标准化处理，同时运用“1-逆向指标”或“1/逆向指标”的方法对逆向指标进行处理。原始数据来源于《中国城市统计年鉴》、《中国县（市）社会经济统计年鉴》和各省份统计年鉴。

最后，关于其他变量测度。本章用GDP、第三产业产值占GDP比重、劳动生产率、进出口总额占GDP比重、实际利用外资金额占GDP比重分别衡量经济规模、产业结构、技术进步、对外贸易、外资[②]，并将城镇居民可支配收入与农村人均纯收入经过人口加权处理来测度居民收入水平。原始数据源自历

① 淡水包括农业用水、工业用水、生活用水、生态环境补水和虚拟水五类水。其中虚拟水含量采用生产树法计算得到。

② 多数文献用政府财政研发投入表示或者利用索洛余值法测算的全要素生产率衡量技术进步，前者很可能低估了中国的技术进步，后者测算方法有诸多前提和假定条件，而中国几乎不具备这些条件，故本章用单位劳动力的GDP测度，即劳动生产率衡量技术进步。

年的《中国城市统计年鉴》、《中国县（市）社会经济统计年鉴》和各省市统计年鉴[①]。

7.2　实证分析

7.2.1　空间自相关检验

为了检验城市间城镇化水平和水足迹效益是否存在空间自相关，本章运用 Moran's I 指数来检验，公式如下：

$$\text{Moran's I} = \frac{\sum_{i=1}^{n}\sum_{j=1}^{n} W_{ij}(Y_i - \bar{Y})(Y_j - \bar{Y})}{S^2 \sum_{i=1}^{n}\sum_{j=1}^{n} W_{ij}} \quad (7-3)$$

其中，$S^2 = \frac{1}{n}\sum_{i=1}^{n}(Y_i - \bar{Y})$，$\bar{Y} = \frac{1}{n}\sum_{i=1}^{n} Y_i$，$Y_i$ 表示第 i 个城市的观测值，n 表示城市个数[②]，W 为空间权重矩阵，采用国内文献普遍使用的 0-1 权重矩阵，即当 i 城市与 j 城市相邻或不相邻时，W 分别为 1 或 0。Moran's I 指数一般取值范围为 $-1 \leqslant \text{Moran's I} \leqslant 1$。当 Moran's I 指数分别大于 0、小于 0、等于 0 时，表明城市变量存在空间正相关、负相关和不相关。

依据 Moran's I 指数公式计算发现，1998～2014 年城镇化水平和测度水足迹效益 4 个指标的 Moran's I 值呈现一定的波动，但均大于 0，说明我国城镇化水平和水足迹效益具有明显的正相关关系，城镇化水平和水足迹效益的空间差异现象并不是随机产生的，而是表现出相似值之间的空间集群，城镇化水平和水足迹效益在全局上表现出较强的空间依赖特征，具有相对较高城镇化水平的城市倾向于接近其他较高城市，具有相对较低城镇化水平的城市趋于和其他较低城市相邻。同样地，具有相对较高水足迹效益的城市倾向于接近其他较高城市，具有相对较低水足迹效益的城市趋向于和其他较低城市相邻。

---

① 限于数据可获得性，样本时间从 1998 年开始。

② 样本期间每年城市个数并不完全相同。

7.2.2 空间动态面板模型选择

由上述检验结果可知，需引入空间计量模型进行实证研究，但还需判断是空间动态面板误差模型还是空间动态面板滞后模型，本章依据 LM（lag）、LM（error）、Robust LM（lag）和 Robust LM（error）检验统计量的显著性来选择。检验发现，当被解释变量分别为人均水足迹和水足迹土地密度时，LM（lag）统计量和 Robust LM（lag）统计量分别比 LM（error）统计量和 Robust LM（error）统计量更为显著；当被解释变量分别为水足迹强度和水足迹废弃率时，LM（lag）统计量显著，LM（error）统计量未通过显著性检验。因此，实证研究时选择空间动态面板滞后模型。

7.2.3 城镇化对中国及三大地区水足迹效益的影响

估计前，为了防止产生谬误回归结果，本章已经进行了平稳性检验、协整关系检验、变量相关性检验。此外，为了克服内生性问题和减少空间权重矩阵设定对估计结果产生的影响，本章采用空间纠正系统 GMM 法进行实证。具体结果如表 7-1 和表 7-2 所示。

表 7-1 中国和东部地区城镇化对水足迹效益的影响

	中国				东部地区			
	人均水足迹	水足迹强度	水足迹土地密度	水足迹废弃率	人均水足迹	水足迹强度	水足迹土地密度	水足迹废弃率
C	3.622**	3.964**	2.616**	4.793**	3.122**	2.426**	4.304**	3.050**
滞后一期的被解释变量	0.388*	0.303**	0.377*	0.289**	0.395*	0.311*	0.405**	0.317**
UR	0.075**	-0.047	0.038**	0.079**	0.091***	-0.069*	0.052**	0.056
lnES	0.210***	-0.039**	0.141*	0.113**	0.254**	-0.064**	0.182***	0.146***
lnPI	0.091*	0.045*	0.038**	0.029**	-0.032**	-0.043*	-0.035**	-0.030**
lnTE	-0.086**	-0.081**	-0.063**	-0.050**	-0.115*	-0.128**	-0.099***	-0.077**
lnIS	-0.052**	-0.049**	-0.037**	-0.041**	-0.089**	-0.092***	-0.063**	-0.060***
lnTR	0.085*	0.077**	0.069**	0.076**	0.047*	0.045*	0.041**	0.044*
lnFI	0.031	0.028	0.021	0.025	-0.023***	-0.030**	-0.024**	-0.016**

续表

	中国				东部地区			
	人均水足迹	水足迹强度	水足迹土地密度	水足迹废弃率	人均水足迹	水足迹强度	水足迹土地密度	水足迹废弃率
ρ	0.108**	0.104***	0.112*	0.115**	0.100**	0.124**	0.087***	0.113*
Wald 检验	1101.004	912.648	1194.479	1144.392	1280.058	1020.103	1135.887	926.424
Hansen 检验	0.653	0.644	0.685	0.693	0.642	0.646	0.570	0.587
Arellano-Bond AR（1）	0.005	0.004	0.005	0.005	0.004	0.005	0.003	0.003
Arellano-Bond AR（2）	0.194	0.192	0.206	0.212	0.191	0.193	0.180	0.183

注：*、**和***分别表示在 10%、5%和 1%水平上通过显著性检验。

表 7-2　中部地区和西部地区城镇化对水足迹效益的影响

	中部地区				西部地区			
	人均水足迹	水足迹强度	水足迹土地密度	水足迹废弃率	人均水足迹	水足迹强度	水足迹土地密度	水足迹废弃率
C	3.090**	2.400**	4.258*	3.018**	3.432**	3.756**	2.479*	4.542**
滞后一期的被解释变量	0.391*	0.307*	0.400**	0.313*	0.368*	0.287**	0.357**	0.274*
UR	0.082**	-0.043	0.036***	0.085**	0.046*	-0.034	0.031**	0.094***
lnES	0.195***	-0.032**	0.129**	0.104**	0.169***	-0.030**	0.113**	0.087**
lnPI	0.127**	0.054*	0.045**	0.039**	0.156**	0.071*	0.066*	0.048**
lnTE	-0.084**	-0.077**	-0.060**	-0.046*	-0.071*	-0.058**	-0.045**	-0.032*
lnIS	-0.049**	-0.046**	-0.033*	-0.035**	-0.044*	-0.037*	-0.024*	-0.025**
lnTR	0.090*	0.083*	0.075*	0.087*	0.112**	0.094**	0.087*	0.093*
lnFI	0.053	0.039	0.027	0.036	0.035	0.046	0.040	0.048
ρ	0.099*	0.128**	0.086**	0.112*	0.102**	0.099***	0.106***	0.109**
Wald 检验	1266.557	1009.344	1123.907	916.652	1043.401	864.893	1131.986	1084.519
Hansen 检验	0.636	0.640	0.564	0.581	0.619	0.610	0.649	0.656
Arellano-Bond AR（1）	0.004	0.004	0.003	0.003	0.004	0.004	0.005	0.005

续表

	中部地区				西部地区			
	人均水足迹	水足迹强度	水足迹土地密度	水足迹废弃率	人均水足迹	水足迹强度	水足迹土地密度	水足迹废弃率
Arellano-Bond AR（2）	0.188	0.191	0.178	0.181	0.184	0.183	0.193	0.195

注：*、**和***分别表示在10%、5%和1%水平上通过显著性检验。

（1）城镇化显著提高了中国及三大地区人均水足迹。由表7-1和表7-2可知，中国城镇化水平提高1%，人均水足迹提高了0.075%，在5%水平上显著，说明样本期间内城镇化水平提高了中国人均水足迹。东部、中部和西部地区城镇化水平提高1%，人均水足迹分别显著提高了0.091%、0.082%和0.046%，可见，三大地区城镇化也显著提高了人均水足迹。说明中国及三大地区城镇化进程中水资源支撑人口的能力正在日益下降。原因可能是城镇化通过拉动内需等促进了中国及三大地区经济规模大幅提高，吸纳了大量转移人口，带动了城市基础设施建设投资，消耗了大量水资源，即城镇化通过经济规模效应、人口吸纳效应和投资拉动效应导致人均水足迹增长，其中城镇化导致东部地区人均水足迹增幅最大。故从人均水足迹来看，相对中西部地区，支撑东部地区城镇化所需的水资源将可能更为紧张。此外，中国及三大地区lnES的估计系数均显著为正，说明经济规模提高导致了中国及三大地区人均水足迹增加；中国和中西部地区lnPI的估计系数显著为正，说明居民收入提高导致了中国和中西部地区人均水足迹增加，东部地区lnPI的估计系数则显著为负，说明该地区居民收入水平提高抑制了人均水足迹增加，原因可能是居民消费结构升级以及生活节水设施器具利用率和水资源重复利用率较高；中国及三大地区lnTE和lnIS的估计系数均显著为负，说明中国及三大地区技术进步与产业结构升级均抑制了人均水足迹增长，但相对而言，东部地区两个变量估计系数较大，中西部地区两个变量估计系数较小，原因可能是东部地区技术水平较高，产业结构更为高端，现代服务业占比较高，高耗水服务业用水监管更为严格；中国及三大地区lnTR的估计系数均显著为正，说明中国及三大地区对外贸易使人均水足迹增加，但相对而言，中西部地区人均水足迹增加幅度较大，原因可能在于中西部地区在全球产业链中处于底端，出口产品水足迹高于进口产品，而东部地区正在逐渐改变其在全球产业链分工中的地位，出口产品结构升级，出口产品技术复杂度提高，使其人均水足迹增幅较小；中国和中西部地区lnFI的估计系数为正，但不显著，说明外资并未显著导致中国

和中西部地区人均水足迹增加，而东部地区 lnFI 的估计系数显著为负，说明该地区外资抑制了人均水足迹增长，原因可能在于东部地区引进的外资质量较高，战略资产和效率寻求型外资比重较高，存在技术外溢效应和产业结构优化效应。

（2）城镇化对中国及中西部地区水足迹强度的降低作用不显著，但显著降低了东部地区水足迹强度。由表 7-1 和表 7-2 可知，中国城镇化水平提高 1%，水足迹强度下降 0.047%，未通过显著性检验，说明样本期间内中国城镇化对水足迹强度的降低作用不显著。三大地区城镇化水平提高 1%，水足迹强度分别下降 0.069%、0.043%和 0.034%，其中只有东部地区的估计系数在 10%水平上显著，可见，城镇化显著降低了东部地区水足迹强度，但未显著降低中西部地区水足迹强度。说明在中国及三大地区城镇化进程中只有东部地区单位 GDP 消耗的水足迹下降，该地区水资源消耗产生的单位经济效益增加。原因可能是东部地区城镇化使供水、节水等设施被更多企业与居民分享，以及城镇化伴随着要素集聚、促进了技术进步和产业结构升级，使水足迹经济效益提高。而中西部地区城镇化水平较低，导致要素集聚效应难以发挥，人力资本积累与技术研发的促进效果不明显，城镇化进程中产业结构较为低端，工业和服务业内部结构中以低端制造业和传统服务业为主，致使水足迹经济效益较低，水足迹强度较高；且中西部地区城镇化进程中节水体制尚未完善，水资源重复利用率、节水设施利用率、再生水回用和雨水回收利用率均较低也是水足迹强度较高的原因。因此，从水足迹强度来看，中西部地区城镇化水足迹经济效益较低。此外，各控制变量对水足迹强度的影响，其中经济规模提高导致了中国及三大地区水足迹强度下降，说明经济规模增速快于水足迹的消耗增长速度；居民收入水平和外资仅降低了东部地区水足迹强度；技术进步与产业结构升级均抑制了中国及三大地区水足迹强度增长，该抑制作用在东部地区也更为明显；对外贸易使中国及三大地区水足迹强度增加，但东部地区水足迹强度增幅最小。

（3）城镇化显著提高了中国及三大地区水足迹土地密度。由表 7-1 和表 7-2 可知，中国城镇化水平提高 1%，水足迹土地密度显著提高了 0.038%，说明城镇化水平提高了中国水足迹土地密度。三大地区城镇化水平提高 1%，水足迹土地密度分别显著提高了 0.052%、0.036%和 0.031%，可见，三大地区城镇化也显著提高了水足迹土地密度。说明中国及三大地区城镇化进程中单位区域面积的水足迹增加，区域空间水资源消耗增加。原因可能在于中国及三大地区城镇化通过经济规模效应、人口吸纳效应和投资拉动效应导致水足迹土地密度增加。其中城镇化导致东部地区水足迹土地密度增幅最大。因此，从水足迹土地密度来看，相对于中西部地区，东部地区城镇化进程中水资源供需矛盾更为突出。至于控制变量对水足迹土地密度的影响，经济规模提高了中国及三大地区水足迹土地密度，说明经济规模导致了中国及三大地区单位区域面积的水足迹增加；居民收入水平与外资提高了中国及中西部地区水足迹土地密度，其中外资的影响并不显著，但两者均显著降低了东部地区水足迹土地密度；技术进步与产业结构升级均使中国及三大地区水足迹土地密度下降，其中东部地区下降幅度最大；对外贸易使中国及三大地区水足迹土地密度增加，其中中西部地区水足迹土地密度增幅较大，东部地区增幅最小。

（4）城镇化显著提高了中国及中西部地区水足迹废弃率，但对东部地区水足迹废弃率并未产生显著的影响。由表7-1和表7-2可知，中国城镇化水平提高1%，水足迹废弃率增加0.079%，通过了5%水平显著性检验，说明中国城镇化显著提高了水足迹废弃率。三大地区城镇化水平提高1%，水足迹废弃率分别增加0.056%、0.085%和0.094%，其中东部地区的估计系数不显著，可见，城镇化也显著提高了中西部地区水足迹废弃率，但并未显著提高东部地区水足迹废弃率。说明东部地区城镇化未能显著增加本区域废水量占水足迹的比重，而中西部地区城镇化则显著提高了本区域废水量占水足迹的比重，清洁利用水资源的能力也因此下降。原因可能是中西部地区在推进城镇化进程中城镇规模较小，生产方式和生活方式还比较落后，使区域水足迹中废水量占比较高，同时由于中西部地区城镇化进程中废水处理设施缺乏或不齐全，规模经济效应难以发挥或发挥不足，环境规制水平及其执行效率又较低的缘故。因此，从水足迹废弃率来看，相对东部地区，中西部地区城镇化的水生态环境效益较低。此外，控制变量中经济规模提高了中国及三大地区水足迹废弃率，说明经济规模导致废水增长速度高于水足迹消耗增长速度；居民收入水平和外资仅显著降低了东部地区水足迹废弃率；技术进步与产业结构升级则促进了中国及三大地区水足迹废弃率降低，其中东部地区促进作用最大；对外贸易提高了中国及三大地区水足迹废弃率，说明对外贸易导致中国及三大地区水足迹中废水量占比增加，其中中西部地区更为明显。

（5）水足迹效益存在空间溢出效应。由表7-1和表7-2可知，中国及三大地区城镇化对人均水足迹、水足迹强度、水足迹土地密度、水足迹废弃率4个具体水足迹效益指标影响的所有回归滞后项参数 ρ 均为正数，且在不同水平上显著，这表明水足迹效益受相邻城市水足迹效益影响，相邻城市人均水足迹、水足迹强度、水足迹土地密度、水足迹废弃率对本城市相应的水足迹效益指标有显著影响，即水足迹效益存在空间溢出效应。

7.2.4　城镇化对三类城市水足迹效益的影响

本章进一步实证分析了地级以上城市（省会、直辖市）、地级市和县级市城镇化对水足迹效益的影响，具体估计结果如表 7-3 所示。

（1）三类城市城镇化均显著提高了人均水足迹。由表 7-3 可知，地级以上城市、地级市和县级市城镇化水平提高 1%，人均水足迹分别显著提高了 0.099%、0.080%和 0.041%，可见，三类城市城镇化显著提高了人均水足迹。说明三类城市城镇化均通过经济规模效应、人口吸纳效应和投资拉动效应导致人均水足迹增长，其中地级以上城市城镇化三种效应最大，使人均水足迹提高幅度最大，而县级市城镇化三种效应最小，使人均水足迹提高幅度也最小。因此，从人均水足迹来看，相对地级市和县级市，支撑地级以上城市城镇化所需的水资源将可能更为紧张。

（2）地级以上城市城镇化显著降低了水足迹强度，地级市和县级市城镇化对水足迹强度的降低作用则不显著。由表 7-3 可知，三类城市城镇化水平提高 1%，水足迹强度分别下降 0.082%、0.046%和 0.022%，其中只有地级以上城市估计系数显著。因此，城镇化显著降低了地级以上城市水足迹强度，但对地级市和县级市水足迹强度并未产生显著的降低作用。说明只有地级以上城市城镇化促使其单位 GDP 消耗的水足迹下降，该类城市水足迹产生的单位经济效益增加。原因可能在于地级以上城市城镇化使供水、节水等设施的利用效率提高，规模经济效应得以发挥，同时通过要素集聚效应、技术进步效应和产业结构效应，降低了水足迹强度。并且地级以上城市城镇化进程中水资源重复利用率、再生水回用和雨水回收利用率相对较高也导致了该类城市水足迹强度较低。因此，从水足迹强度来看，地级以上城市城镇化水足迹经济效益更高。

（3）三类城市城镇化均显著提高了水足迹土地密度。由表 7-3 可知，三类城市城镇化水平提高 1%，水足迹土地密度分别显著提高了 0.074%、0.031%和 0.015%，可见，三类城市城镇化显著提高了水足迹土地密度。说明三类城市城镇化进程中单位区域面积的水足迹增加。主要是由于三类城市城镇化通过经济规模效应、人口吸纳效应和投资拉动效应导致水足迹土地密度增加。其中城镇化对水足迹土地密度增幅大小依次是地级以上城市、地级市和县级市。因此，从水足迹土地密度来看，地级市和县级市城镇化的单位区域空间水资源消耗增加较少，而地级以上城市城镇化的单位区域空间水资源消耗增加最大，水资源供需矛盾相对更为突出。

表 7-3 三类城市城镇化对水足迹效益的影响

	地级以上城市				地级市				县级市			
	人均水足迹	水足迹强度	水足迹土地密度	水足迹废弃率	人均水足迹	水足迹强度	水足迹土地密度	水足迹废弃率	人均水足迹	水足迹强度	水足迹土地密度	水足迹废弃率
C	3.767**	4.123**	2.721**	4.985**	3.186**	3.481**	2.297*	4.209**	2.742*	2.130**	3.738**	2.679**
滞后一期的被解释变量	0.404*	0.315**	0.392*	0.301**	0.341**	0.260*	0.325**	0.254**	0.347**	0.273**	0.356**	0.278*
UR	0.099**	-0.082*	0.074***	-0.024	0.080**	-0.046	0.031**	0.079***	0.041**	-0.022	0.015**	0.114*
控制变量	—	—	—	—	—	—	—	—	—	—	—	—
ρ	0.112***	0.108**	0.116**	0.120***	0.095***	0.092***	0.098*	0.101*	0.086**	0.109*	0.077*	0.099***
Wald 检验	1145.153	949.246	1242.378	1190.282	966.943	801.524	1049.036	1005.047	1124.195	895.892	997.579	813.620
Hansen 检验	0.678	0.670	0.712	0.721	0.572	0.565	0.601	0.608	0.564	0.568	0.500	0.516
Arellano-Bond AR（1）	0.005	0.005	0.006	0.006	0.003	0.003	0.004	0.004	0.003	0.003	0.002	0.002
Arellano-Bond AR（2）	0.204	0.202	0.215	0.217	0.180	0.178	0.182	0.183	0.178	0.179	0.154	0.157

注：*、**和***分别表示在10%、5%和1%水平上通过显著性检验。

（4）地级以上城市城镇化未显著降低水足迹废弃率，地级市和县级市城镇化则显著提高了水足迹废弃率。由表7-3可知，三类城市城镇化水平每提高1%，水足迹废弃率分别增加-0.024%、0.079%和0.114%，其中地级以上城市估计系数不显著，可见，城镇化显著提高了地级市和县级市水足迹废弃率，但并未显著降低地级以上城市水足迹废弃率。说明地级市和县级市城镇化显著提高了本区域废水量占水足迹的比重，而地级以上城市城镇化未能显著降低本区域废水量占水足迹的比重。原因可能在于地级以上城市城镇化规模较大，生产方式较为先进，生活方式较为健康文明，同时由于地级以上城市城镇化进程中废水处理设施较为齐全，环境规制水平及其执行效率较高，使地级以上城市城镇化降低了水足迹废弃率，但由于城镇化的经济、人口和投资规模效应使这一降低作用并未通过显著性检验。因此，从水足迹废弃率来看，地级以上城市城镇化的水生态环境效益更好。

7.3　结论与政策建议

本章基于1998~2014年城市层面数据，构建空间动态面板模型，运用Moran's I指数和空间纠正系统GMM法，就城镇化对水足迹效益的影响进行了实证分析。主要得到以下结论：城镇化和水足迹效益均存在空间自相关，水足迹效益存在空间溢出效应，相邻城市水足迹效益有趋同之势；城镇化显著提高了中国人均水足迹、水足迹土地密度和水足迹废弃率，其未显著降低中国水足迹强度。分区域与分城市类型，城镇化显著提高了三大地区和三类城市人均水足迹和水足迹土地密度，其中东部地区和地级以上城市两者增幅最大；城镇化未显著降低中西部地区、地级市和县级市的水足迹强度，但显著降低了东部地区和地级以上城市水足迹强度；城镇化显著提高了中西部地区、地级市和县级市的水足迹废弃率，但对东部地区水足迹废弃率并未产生显著影响，也未显著降低地级以上城市水足迹废弃率。

基于上述实证结果，提出以下政策建议：

第一，在全国、地区和城市层面，均需加快新型城镇化发展，提高城镇化水平，降低城镇化进程中要素集聚成本，为要素集聚提供良好环境，更好地形成集聚效应；且需加大人力资本投入，提高研发投入比例，促进技术进步，并进行供给侧结构性改革，完善落实产业政策，优化产业结构，通过要素集聚效应、技术进步效应和产业结构效应降低人均水足迹、水足迹强度、水足迹土地密度和水足迹废弃率，提高水足迹效益；同时须提高供水节水等设施利用率、水资源重复利用率，加大再生水回用，提高雨水收集利用率，降低水足迹强度，提高水足迹效益；加大污水处理设施与其维护资金投入，适当提高环境规制水平，加大执行力度，降低城镇化进程中的水足迹废弃率，提高水足迹效益。

第二，在全国层面，在通过上述措施降低水足迹强度和水足迹废弃率，提高水足迹效益同时，需增加中西部地区城镇公共服务投入，引导东部地区优势资源进入中西部地区，推进中西部地区新型城镇化发展，进而降低全国人均水足迹和水足迹土地密度增幅，也可以进一步缓解东部地区城镇化进程中更为严峻的水资源供需矛盾。

第三，在地区和城市层面，三大地区均需加大地级市和县级市的公共服务投入，缩小两类城市与地级以上城市的优势资源差距，避免优势资源过度集中于地级以上城市，推进地级市和县级市新型城镇化发展，进一步降低各地区人均水足迹和水足迹土地密度增幅，缓解地级以上城市城镇化进程中更为严峻的水资源供需矛盾。同时需逐渐改变中西部地区、地级市和县级市落后的生产方式和生活方式，进而降低各自城镇化进程中的水足迹废弃率，提高水足迹效益。

第四，在制定提高城镇化进程中水足迹效益政策时，各级政府还需考虑城市间的空间溢出效应，这需要政府消除行政壁垒，实现跨区域水资源利用协调与合作。而各城市政府在制定地方政策时，既要考虑本城市城镇化与水足迹效益各指标情况，也需考虑外部城市城镇化进程对本城市水足迹效益各指标产生的空间溢出效应。

第8章　城镇化水平、速度与质量对水资源利用效率的影响

8.1　研究现状

8.1.1　农业用水效率影响因素

学术界相关研究主要集中在两方面：一方面，一国农业用水效率的影响因素分析，如Kaneko等（2004）实证发现气候、土壤等自然条件，以及农田水利等基础设施条件是影响中国农业用水效率的主要因素；王学渊和赵连阁（2008）基于省级面板数据，运用SFA法实证研究了中国农业用水效率的影响因素；杨骞和刘华军（2015）采用Bootstrap断尾回归模型实证发现农田水利建设和环境规制显著地提升了我国农业水资源效率，水资源丰裕程度不利于农业水资源效率提升。另一方面，研究一个区域农业用水效率的影响因素，王晓娟和李周（2005）以河北省石津灌区为样本研究发现渠水使用比例、水价、节水灌溉技术提高以及建立用水者协会有利于提高灌溉用水效率；Speelman等（2007）利用调查的农户截面数据实证发现影响灌溉用水效率的主要因素包括耕地面积、种植结构、灌溉方式、土地所有权、灌溉项目类型；许朗和黄莺（2012）基于安徽蒙城的调研数据实证分析了农业灌溉用水效率的影响因素；夏莲等（2013）采用农户调研面板数据实证发现农业生产规模、种植技术等对农业水资源利用效率产生了显著的影响；耿献辉等（2014）利用新疆棉农调研数据实证发现棉花技术培训、单块土地规模扩大、用水价格上涨有利于提高灌溉用水效率；佟金萍等（2014）实证研

究了不同地区技术进步对农业用水效率的影响，结果发现存在异质性；刘军等（2015）、佟金萍等（2015）则分别研究了新疆棉花灌溉用水技术效率和长江流域农业用水效率的影响因素。

8.1.2 工业用水效率影响因素

相关文献均是研究一国工业用水效率的影响因素，如姜蓓蕾等（2014）采用主成分分析法研究发现工业科技投入和技术进步有利于提高工业用水效率，水资源条件和高耗水行业比重不利于工业用水效率提高；程永毅和沈满洪（2014）研究了我国要素禀赋、投入结构对工业用水效率的影响；雷玉桃和黄丽萍（2015）则利用2002~2013年省级面板数据实证发现节水意识和节水技术、产业布局、工业结构显著影响了我国工业用水效率。

8.1.3 水资源综合利用效率影响因素

相关研究主要集中于分析中国水资源利用效率影响因素，如孙爱军和方先明（2010）实证发现，经济发展水平、科技水平、固定资产投资影响了中国水资源利用效率；孙才志等（2011）利用扩展的Kaya恒等式和LMDI分解方法研究发现影响中国用水效率变化的最显著因素是产业用水效率和经济水平；钱文婧和贺灿飞（2011）利用1998~2008年省级数据研究发现影响水资源利用效率的因素主要为产业结构、进出口需求和水资源禀赋；马海良等（2012）实证研究了技术进步和技术效率对中国水资源利用效率的影响，并采用省级面板数据和Tobit模型实证发现经济水平和水资源价格显著提高了水资源利用效率，产业结构和政府影响力则显著降低了水资源利用效率；李鹏飞和张艳芳（2013）、李跃（2014）、赵良仕等（2014）、邓益斌和尹庆民（2015）基于省级面板数据实证分析了中国水资源利用效率的影响因素；尹庆民等（2016）则研究要素市场扭曲对中国水资源利用效率的影响。对于区域层面水资源利用效率影响因素的分析文献较少，马骏和颜秉姝（2016）实证研究了人均GDP对用水效率的影响，发现不同地区影响存在异质性；王倩等（2017）实证发现江苏水资源利用效率的主要影响因素为万元GDP用水量、第三产业比重、水资源开发利用率。

综上所述，学术界对水资源利用效率的影响因素与城镇化对水资源利用的影响研究较为深入，但存在以下不足：第一，均关注的是城镇化水平对水资源利用量和利用效率的影响，鲜有研究城镇化速度与城镇化质量对水资源利用量和利用效率的影响文献。第二，多利用单位水资源的产出来测度水资源利用效率，但这只是产出与水资源利用量两者的比值，产出并不仅是水资源投入得到的，其他要素投入对产出也有贡献；一些学者基于 DEA 法、EBM 模型、随机前沿分析法等计算水资源利用效率，这些测算得到的结果同样并非仅是水资源一种要素投入的利用效率，而是包含了资本、劳动等众多要素投入得到的效率。第三，大部分学者均是利用时序或截面数据，采用面板数据的研究，均利用 Sys-GMM 法克服城镇化与水资源利用间的内生性问题，但该方法存在估计结果有偏、检验统计量偏大、经济处于稳态均衡附近的适用条件过于严格等缺点。第四，忽略了空间溢出效应。本章弥补上述不足：①首次系统全面实证检验城镇化水平、城镇化速度和城镇化质量对水资源利用量和利用效率的影响。②借鉴 Zhou 等（2012）的方法，在计算时，将其他要素对产出的贡献剥离出来，得到水资源这一种要素投入对产出的贡献，即水资源利用效率。③为了使估计结果更加可靠，在现有研究基础上，考虑到空间溢出效应以及变量间的内生性问题，基于 1998~2014 年城市动态面板数据，使用空间纠正 Sys-GMM 法进行实证检验。

8.2 模型构建、变量测度与数据说明

8.2.1 模型构建

依据学术界对于水资源利用的影响因素分析，借鉴 Lesage 和 Pace（2009）的研究，设定以水资源利用量（WE_1）和利用效率（WE_2）分别为因变量，城镇化水平（UR_1）、速度（UR_2）和质量（UR_3）分别为自变量，同时纳入包含经济规模（ES）、产业结构（IN）、技术进步（TE）、居民收入水平（PI）、经济开放度（EO）、要素集聚程度（FR）和人力资本（H）等控制变量的空间动态模型：

$$\ln WE_{bit} = C+\gamma\times\ln WE_{bit-1}+\rho W\times\ln WE_{bit}+\beta_1\times\ln UR_{ait}+\lambda\times\ln X_t+\mu_i+\phi_t+\varepsilon_{it} \qquad (8-1)$$

$$\varepsilon_{it} = \varphi W\varepsilon_{it}+\upsilon_{it} \qquad (8-2)$$

其中，i、t、X、μ、φ、ε、W 分别表示第 i 个城市、第 t 年、控制变量、个体虚拟变量、时间虚拟变量、随机误差项、空间权重矩阵，b=1、2，a=1、2、3。由于各城市本期的水资源利用量和利用效率受上一期的水资源利用量和利用效率的影响，故在模型中加入两者的滞后项，这也涵盖了未考虑到的影响水资源

利用量和利用效率的其他因素。

8.2.2 变量测度与数据说明

①因变量测度。对于水资源利用量，采用水资源用水总量衡量；借鉴 Zhou 等（2012）的方法测度水资源利用效率，假设一国产出 Y 主要是投入了劳动力 L、资本 K、水资源 W 和其他资源 E 生产的，则基于水资源投入的 Shephard 方向距离函数为 $D_w(L, K, W, E, Y) = sub\{\theta \mid (L, K, W/\theta, E, Y) \in T\}$，其中 T 为技术水平。基于 Shephard 方向距离函数以及技术的强可处置性，得知水资源距离函数 $D_w(L, K, W, E, Y) \geq 1$，且该函数为水资源 W 的线性齐次函数。其反映了一国在其他要素（L、K、E）投入不变、产出 Y 和技术 T 不变前提下水资源 W 的最大可减小比例。$W/D_w(L, K, W, E, Y)$ 为一国最佳的水资源投入，该值除以实际水资源投入得到的结果可用来判断水资源利用是否有效率。当 $1/D_w(L, K, W, E, Y) = 1$ 时，说明水资源利用有效率，此时最佳水资源投入正好等于实际投入；相反，如果该值越小，说明水资源利用越没有效率。因此，定义其为水资源利用效率 WI，即 $WI = 1/D_w(L, K, W, E, Y)$，采用 SFA 方法对水资源利用效率估计。具体是在线性齐次函数 $D_w(L, K, W, E, Y)$ 基础上，加入地区异质性参数，利用超越对数函数进行推导，得到固定效应 SFA 模型，然后运用组内均值变换法估计，得到参数后，通过 $WI_{it} = \exp(-\hat{u}_{it})$，$\hat{u}_{it} = W[u_{it} \mid \tilde{\varepsilon}_i]$ 可得水资源利用效率值。其中 $u_{it} = \ln D_w(L_{it}, K_{it}, W_{it}, E_{it}, Y_{it}) \geq 0$，为一个地区生产过程中的水资源无效率。上述因变量测度所需原始数据源自《中国水资源公报》、各省市水资源公报及其水利统计年报、《中国城市统计年鉴》。②自变量测度。利用城镇人口数/总人口数衡量城镇化水平 UR_1，使用 $(UR_{1t} - UR_{1t-1})/UR_{1t-1}$ 衡量城镇化速度 UR_2；参考魏后凯等（2013）构建的指标体系来衡量城镇化质量 UR_3。上述自变量测度所需原始数据源自《中国城市统计年鉴》和《中国县（市）社会经济统计年鉴》。最后，控制变量测度。分别用各城市人均 GDP、第三产业产值/GDP、资本劳动比来测度经济规模、产业结构和技术进步①；分别利用（进出口总额+实际利用外资额）/GDP、城镇居民可支配收入×（城镇人口数/总人口数）+农村人均纯收入×（农村人口数/总人口数）衡

① 公式为 $K_{it} = I_{it}/P_{it} + (1-\delta) K_{it-1}$，其中，$I_{it}$ 表示第 i 个城市第 t 年的全社会固定资产投资，P_{it} 表示固定资产投资价格指数（以 1998 年为 100），δ 表示资本折旧率，采用国际上惯常的做法，将其设定为 5%，至于初始年份 1998 年各城市的资本存量，本章通过式 $K_{i1998} = I_{i1998}/(0.03+Z_i)$ 求出，其中，Z_i 表示第 i 个城市 1998~2014 年的 GDP 平均增长率。

量经济开放度①、居民收入水平；关于要素集聚程度，用劳动要素集聚和资本要素集聚的平均值来衡量，其中劳动要素集聚=某市工业就业人数与全省工业就业人数比值/该市全部就业人数与全省总就业人数比值②，参考该法可测度出资本要素集聚。关于人力资本的测度，本章依据阚大学和吕连菊（2014）的做法，用平均受教育程度来衡量。上述控制变量测度所需原始数据源自各地的统计年鉴、《中国城市统计年鉴》、《中国县（市）社会经济统计年鉴》、《中国城市发展报告》。变量的描述性统计结果如表 8-1 所示。

表 8-1　描述性统计结果

变量	$lnWE_1$	$lnWE_2$	$lnUR_1$	$lnUR_2$	$lnUR_3$	lnES	lnIN	lnTE	lnPI	lnEO	lnFR	lnH
均值	2.797	-0.543	-1.245	-4.195	0.126	9.124	-0.942	0.567	9.974	-1.302	1.580	2.092
中间值	2.376	-0.570	-1.134	-4.093	0.115	9.221	-0.968	-0.013	9.965	-1.947	1.491	2.087
最大值	4.663	-0.236	-0.113	-4.001	1.764	12.007	-0.281	2.566	10.736	0.785	1.964	2.499
最小值	1.629	-0.821	-2.303	-4.720	-1.519	7.634	-1.288	-2.039	9.281	-2.877	0.812	1.947

8.3　实证分析

8.3.1　空间自相关检验

运用空间计量经济学中的 Moran's I 指数对水资源利用量和水资源利用效率等因变量与城镇化水平等自变量的空间自相关性进行检验③。检验发现，样本期间城镇化水平、速度和质量、水资源利用量和水资源利用效率的 Moran's I 值均大于 0，呈现上升趋势，表明我国城镇化水平、速度和质量、水资源利用量和水

① 对于测度变量中涉及的 GDP，均用 GDP 折算指数（以 1998 年为 100）对各城市原始数据进行折算。

② 直辖市的劳动要素集聚=该市工业就业人数与全国工业就业人数比值/该市全部就业人数与全国总就业人数比值。

③ 在利用 Moran's I 公式计算时，空间权重矩阵 W 采用国内文献普遍使用的 0-1 权重矩阵，即当 i 城市与 j 城市相邻或不相邻时，W 分别为 1 或 0。当 Moran's I 指数分别大于 0、小于 0、等于 0 时，表明城市变量存在空间正相关、负相关和不相关。

资源利用效率存在空间集群，各城市间的上述变量存在空间相互依赖。较高城镇化水平、速度和质量的城市，其相邻城市城镇化水平、速度和质量往往也较高，较低城镇化水平、速度和质量的城市，其相邻城市城镇化水平、速度和质量往往也较低。同样地，该结论也适用于水资源利用量和水资源利用效率变量。进一步可知，三种城市（较高城镇化水平和速度的城市、较多水资源利用量的城市与较低水资源利用效率的城市）存在空间相关性，较低城镇化水平和速度的城市、较少水资源利用量的城市与较高水资源利用效率的城市也存在空间相关性，较高城镇化质量的城市、较少水资源利用量的城市与较高水资源利用效率的城市存在空间相关性，较低城镇化质量的城市、较多水资源利用量的城市与较低水资源利用效率的城市也存在空间相关性。初步判断，城镇化水平和速度提高使水资源利用量增加，水资源利用效率下降，城镇化质量提升则降低了水资源利用量，提高了水资源利用效率。

8.3.2 空间动态面板模型选择和相关检验

在估计前，需依据 LM 和 Robust LM 统计量的显著性来判断何种空间动态面板模型适合估计，由表 8-2 发现，当因变量为水资源利用量时，LM（lag）统计量在 1%水平上显著，Robust LM（lag）统计量在 5%水平上显著，LM（error）和 Robust LM（error）统计量则分别在 5%和 10%水平上显著，可见前两个统计量更为显著；当因变量为水资源利用效率时，只有 LM（lag）统计量显著，故选择空间动态面板滞后模型。另估计前已经进行了单位根检验、协整检验和多重共线性检验，结果发现变量为 I（1），存在协整关系，不存在多重共线性问题。

表 8-2 模型选择的 LM 统计量

	LM（lag）	LM（error）	Robust LM（lag）	Robust LM（error）
水资源利用量	9.635***	4.379**	5.802**	2.416*
水资源利用效率	7.004*	3.127	—	—

注：*、**、***分别表示在 10%、5%和 1%水平上通过显著性检验。

8.3.3 实证结果分析

8.3.3.1 全国层面

利用空间纠正 Sys-GMM 法回归，具体结果如表 8-3 所示。

表 8-3　全国层面的估计结果

	水资源利用量				水资源利用效率			
	模型 1	模型 2	模型 3	模型 4	模型 5	模型 6	模型 7	模型 8
C	2.953*	5.019**	2.275**	4.538*	3.012**	5.286*	2.735**	4.760**
滞后一期的因变量	0.307**	0.280*	0.292*	0.269*	0.273**	0.245**	0.244*	0.239**
$\ln UR_1$	0.166**	—	—	0.134**	-0.072*	—	—	-0.048*
$\ln UR_2$	—	0.096*	—	0.080*	—	-0.054**	—	-0.037**
$\ln UR_3$	—	—	-0.101**	-0.069*	—	—	0.065**	0.046**
lnES	0.097**	0.092***	0.089***	0.071**	0.053*	0.049**	0.043*	0.033
lnIN	0.080*	0.069**	0.066*	0.064**	0.038*	0.036*	0.037	0.031
lnTE	-0.063***	-0.064**	-0.057**	-0.039***	0.057***	0.055**	0.059***	0.046***
lnPI	0.084**	0.078*	0.075**	0.077**	0.086	0.084*	0.073*	0.066
lnEO	0.082**	0.081*	0.074**	0.080**	-0.045**	-0.039**	-0.046**	-0.040**
lnFR	-0.063***	-0.060**	-0.062**	-0.053**	0.061**	0.066***	0.069**	0.064***
lnH	-0.049**	-0.047**	-0.041*	-0.041*	0.059*	0.050**	0.052*	0.043**
ρ	0.116**	0.113**	0.119*	0.121**	0.106**	0.132*	0.094**	0.125**
Wald 检验	952.084	789.215	1032.917	974.154	1089.641	888.705	989.568	807.089
Hansen 检验	0.706	0.688	0.723	0.774	0.719	0.737	0.615	0.741

注：*、**和***分别表示在 10%、5%和 1%水平上通过显著性检验，Arellano-Bond AR（1）和 Arellano-Bond AR（2）统计量均无异常，其中前者均小于 1%，后者均大于 10%。

首先，城镇化水平和速度提高均导致水资源利用量增加，城镇化质量提高有利于水资源利用量降低，但降低幅度较小。表 8-3 中的模型 1 至模型 3 是纳入了控制变量下的估计结果，从中可以发现，城镇化水平和速度的估计系数分别在 5%和 10%水平上显著为正，城镇化质量的估计系数在 5%水平上显著为负。模型 4 的自变量中则同时纳入城镇化水平、速度和质量，结果发现城镇化水平、速度和质量的估计系数大小和显著性发生变化，但三者的估计系数符号并未改变，且依然显著。其中城镇化水平和速度分别提高 1%，水资源利用量提高 0.134%和 0.080%，城镇化质量提高 1%，水资源利用量下降 0.069%，说明城镇化水平和速度提高导致水资源利用量增加，城镇化质量提高导致水资源利用量下降。其中城镇化水平提高导致水资源利用量增加的原因主要有城镇化通过拉动内需等渠道促进了我国经济规模增加，消耗大量水资源；城镇化吸纳了农村大量转移人口，导致城镇人口快速增加，推动家庭用水设备普及、公共市政设施与服务业发展，导致水资源利用量增加；城镇化使基建投资增加，在基建过程中和后续项目运行中会消耗大量水资源；城镇化进程中转移的农村人口使城镇劳动力供给大幅增加，相对工资较低，吸引了低质量外资企业，导致水资源利用量增加，同时相对工资较低，也推动了我国出口，使顺差拉大，虚拟水贸易逆差随之增加，国内水资源利用量提高；农村人口转移到城镇主要是进入了劳动密集型行业和传统服务业，这些行业多是高耗水行业，导致工业用水和生活用水增加，同时人口转移到城镇给生态环境造成了一定的破坏，生态环境修复、治理和维护所需水资源量增加。而城镇化速度提高显然在一定时期内扩大了上述经济规模效应、人口规模效应、投资拉动效应、外资效应、贸易效应，但城镇化速度过快会导致各种要素成本提高，迫使低质量外资企业撤资，促进我国企业出口转型升级和对外投资，且城镇化速度过快也会提高水资源利用价格，这些均会导致城镇化速度对水资源利用量的提高幅度下降。至于城镇化质量提高有利于降低水资源利用量，降低幅度较小，原因有三点：第一，样本期内城镇化质量均值仅为 1.134，城镇化质量整体较低，不同城市间城镇化质量差距较大，制约了其通过要素集聚效应、技术进步效应、人力资本效应、产业结构效应、市场化效应等提高水资源利用效率，降低了水资源利用量作用的发挥，也制约了其通过促进经济集约增长带来水资源利用量下降作用的发挥，同时也难以抵消经济粗放增长带来的水资源利用量增加。第二，城镇化质量虽然通过要素集聚效应、技术进步效应等提高水资源利用效率，降低水资源利用量，但其作用本身较小[①]。第三，城镇化进程中节水管理体制机制尚不健全，节水设施利用率不高，雨水回收利用处理系统效率较低，再生水利用率低下。

其次，城镇化水平和速度提高不利于水资源利用效率提高，城镇化质量提高有利于水资源利用效率提高，但提高幅度较小。模型 5 至模型 7 是纳入控制变量下的估计结果，城镇化水平和速度、城镇化质量的估计系数在不同显著水平上分别为负值和正值。模型 8 中则同时纳入自变量城镇化水平、速度和质量，结果发现三者估计系数的显著性有所变化，但符号并未改变，城镇化水平、速度、质量分别提高 1%，水资源利用效率下降 0.048%、下降 0.037%和提高 0.046%，说明我国城镇化水平和速度提高对水资源利用效率产生的是负面影响，城镇化质量提高产生的是正面影响，但正面影响较小。其中城镇化水平产生负面影响的原因可

① 后文中将给予解释。

能是进入城镇的转移人口多进入低端制造业和房地产等传统服务业，这些行业水资源利用效率较低；同时转移人口带来的就业压力、基建压力和城镇化进程中资金压力导致招商引资时更多只顾数量不顾质量，而外资进入也主要是由于我国劳动力廉价和市场广阔，这导致引进的外资质量不高，技术溢出效应不明显，同样地，城镇化水平提高吸纳了转移人口就业，形成了低成本优势，虽然促进了出口，但也导致我国在全球价值链分工中地位较低，出口技术溢出效应较低；另外，我国吸收能力水平不高，难以很好地吸收外资和出口技术溢出效应，这不利于城镇化水平通过两者改善我国技术水平，提高水资源利用效率。而在一定时间范围内城镇化速度提高会进一步恶化上述负面影响，但城镇化速度过快会导致劳动力、土地和资本等要素资源成本增加，促使部分外资企业，主要是质量不高的外资企业撤资投向低成本的东南亚国家，倒逼内资企业加快出口转型升级和增加对外投资，因此，城镇化速度提高对水资源利用效率的负面影响将会逐渐下降。至于城镇化质量提高促进了水资源利用效率提升，主要是由于城镇化推动了要素流动与集聚，形成规模经济，进而降低水资源消耗强度，提高水资源利用效率；城镇化有助于降低技术进步成本，推动节水和水污染控制技术在内的各项技术外溢和扩散，有助于提高水资源利用效率；城镇化使农村转移到城镇的人口有机会享受到更好的医疗和教育培训服务，提高了人力资本，进而推动了生产率提高，降低水资源消耗强度，同时城镇化有助于人口素质提高，推进城市文明，节约水资源利用和减少水污染强度，提高水资源利用效率；城镇化有助于产业结构升级，提高高端制造业和现代服务业比重，同时其促进了劳动力市场流动性增加，加剧了劳动力市场的竞争，提高了劳动力就业质量，推动了就业结构改善，进而促进了水资源利用效率提高；城镇化提高了要素市场化程度，有助于改变我国要素市场扭曲导致的落后产能锁定效应与水资源误置，进而提高水资源利用效率；城镇化进程中供水设施、节水设施、排水设施、污水处理设施等较为完善，并被更多企业和居民分享，有助于提高水资源利用效率，并减少水污染强度。即城镇化质量通过要素集聚效应、技术进步效应、人力资本积累效应、产业结构效应、市场化效应等提高了水资源利用效率。但由于我国各地过于注重城镇化水平和速度，对于其内涵建设不够，使我国城镇化质量不高，城镇化更多的是一种粗放型规模城镇化，这导致城镇化质量对水资源利用效率的提高幅度较小。

最后，控制变量估计结果。由表8-3的模型4和模型8可知，lnES、lnIN和lnPI的估计系数均为正值，其中经济规模、产业结构和居民收入水平均显著提高了水资源利用量，但对水资源利用效率的影响不显著，说明我国经济增长方式亟待转变，产业结构亟须进一步改善，尚需切实推动居民生活方式转变；模型4中lnTE、lnFR、lnH的估计系数均在不同水平上显著为负，模型8中三者估计系数则显著为正，表明技术进步、要素集聚和人力资本均有助于水资源利用效率提高，降低水资源利用量，但三者的估计系数均不大，说明我国技术进步存在一定程度的水资源利用回弹效应和经济增长效应、要素市场扭曲程度较高，要素集聚水平较低以及人力资本水平不高；模型4和模型8中的lnEO的估计系数分别为正值和负值，说明经济开放程度提高了水资源利用量，不利于水资源利用效率提升，原因在于我国外贸外资质量不高，主要从事加工贸易和高耗水的低端产品出口，外资也多是进入耗水量较多的劳动密集型制造业和房地产等传统服务业，外贸外资技术溢出效应较低。

对于控制变量中的要素集聚有助于水资源利用效率提高的原因，本书进一步检验发现，制造业多样化集聚和专业化集聚均提升了水资源利用效率，其中前者的提升作用更大，服务业多样化集聚和专业化集聚未显著提升水资源利用效率①②。前者原因在于制造业多样化集聚对水资源利用纯技术效率、规模效率和技术进步指数的提升作用均更大，说明制造业多样化集聚更能促进技术和知识在行业间外溢，促进技术进步、管理水平提高，更易产生范围经济和规模经济效应，同时弱化专业化集聚带来过度竞争产生的拥挤效应。进一步从制造业多样化集聚估计系数可知，制造业多样化集聚对水资源利用技术进步指数的影响要高于

---

① 基于Martin等（2011）的方法，衡量制造业多样化集聚和专业化集聚程度；至于服务业多样化集聚程度，利用改进的赫芬达尔—赫希曼指数（Herfindahl—Hirschman Index，HHI）测算：

$$FW_{1it} = \ln\left[\sum_{n}\frac{EM_{int}}{EM_{it}}\left(\frac{1\Big/\sum_{n=1,\ n'\neq n}^{m}(EM_{in't}/(EM_{it}-EM_{int}))^{2}}{1\Big/\sum_{n'=1,\ n'\neq n}^{m}(EM_{n't}/(EM_{t}-EM_{nt}))^{2}}\right)\right]$$

其中，EM_{it}表示i城市t年的总就业人数，EM_{int}表示i城市t年服务业分行业n的就业人数，EM_{t}表示全国总就业人数。再利用下面公式计算得到服务业专业化集聚程度：

$$FW_{2it} = \ln\left(\frac{EM_{int}/EM_{it}}{EM_{int}/EM_{t}}\right)$$

依据上述测算方法，同样可得到生产性服务业、消费性服务业和公共服务业多样化和专业化集聚程度。

② 为了提高水资源利用效率，政府需积极引进人才，加快配套设施建设，改善软硬环境，以优惠政策引导制造业企业集聚，切实提高制造业集聚水平，尤其是促进制造业多样化集聚；对于服务业集聚，则需要提高服务业发展水平，推动高端服务业发展，加快建设现代服务业集聚示范区，条件具备的城市可大力推进服务业新业态集聚区和园区建设，同时提高服务业多样化集聚和专业化集聚程度。与此同时，政府需考虑城市间的溢出效应，即需深化改革，消除城市间行政壁垒，实现跨区域水资源利用协调与合作，利用空间溢出效应进一步提高水资源利用效率。

对水资源利用技术效率指数的影响，说明制造业多样化集聚更多的是通过促进技术进步来提高水资源利用效率，而就对水资源利用技术效率的影响而言，相对纯技术效率指数，制造业多样化集聚更多的是提高了水资源利用规模效率，说明对水资源利用技术效率的影响，制造业多样化集聚产生的范围经济和规模经济效应要高于其知识溢出效应和管理水平提高带来的生产率提升效应。进一步从制造业专业化集聚估计系数可知，相对于技术进步指数，制造业专业化集聚更多的是通过提升技术效率来提高水资源利用效率，且相对于规模效率指数，制造业专业化集聚更多的是提高了水资源利用纯技术效率，说明对水资源利用技术效率的影响，制造业专业化集聚产生过度竞争带来的拥挤效应抵消了其产生的一部分范围经济和规模经济效应，知识溢出效应和管理水平提高带来的生产率提升效应更大。后者原因在于服务业发展滞后，低端服务业比重过高，高端服务业又发展不足，同时服务业发展过于分散，其多样化集聚和专业化集聚程度均较低，使服务业多样化集聚仅显著提高了水资源利用规模效率，对水资源利用纯技术效率和技术进步指数未产生显著的正向影响，说明服务业多样化集聚产生的范围经济和规模经济效应显著，提高了水资源利用规模效率，但该影响较小不足以改变其对水资源利用效率影响的显著性；服务业专业化集聚则仅显著提高了水资源利用纯技术效率，对水资源利用规模效率和技术进步指数未产生显著的正向影响，说明服务业专业化集聚产生的知识溢出效应和管理水平提高带来的生产率提升效应明显，提高了水资源利用纯技术效率，但同样该影响较小不足以改变其对水资源利用效率影响的显著性。

将制造业分为劳动密集型制造业、资本密集型制造业和技术密集型制造业，服务业分为生产性服务业、消费性服务业和公共服务业，分别研究它们多样化集聚和专业化集聚对水资源利用效率的影响。实证结果表明：

（1）首先，劳动密集型制造业多样化集聚和专业化集聚提升了水资源利用效率，通过了显著性检验，但提升作用较小[①]。原因在于劳动密集型制造业整体规模大，但多为低端制造业，多样化集聚未显著提高水资源利用纯技术效率和技术进步指数，但其明显提高了水资源利用规模效率，该影响较大致使其对水资源利用效率影响通过了显著性检验；劳动密集型制造业专业化集聚程度较高，但过度竞争以及拥挤效应使专业化企业规模较小，未显著提高水资源利用规模效率，

① 政府需加快技术密集型制造业集聚区布局、集群化招商和产业链条式组合，推动技术密集型制造业多样化集聚和专业化集聚，同时注重科技、人才和信息化方面投入，转变职能，构建服务平台，提升服务水平，推动劳动密集型制造业集聚区转型升级，以进一步提升水资源利用效率；对于资本密集型制造业，则需促进其多样化集聚来提升水资源利用效率。

同时集聚在一起的小企业也无力进行技术研发，难以利用技术创新和技术外溢效应提高水资源利用效率，即劳动密集型制造业专业化集聚对水资源利用技术进步指数的影响不显著，但专业化集聚产生的激烈竞争与拥挤效应促使企业提高管理水平，在既定资源下，提高生产效率导致劳动密集型制造业专业化集聚对水资源利用纯技术效率的提升作用较大，使其对水资源利用效率的影响显著，只是提升作用较小。其次，资本密集型制造业多样化集聚未显著提升水资源利用效率，其专业化集聚降低了水资源利用效率。原因在于资本密集型制造业企业规模普遍较大，各行业技术成熟度较高，多样化集聚的规模经济效应、技术进步与技术外溢效应不显著，商业与管理知识溢出效应则显著，多样化集聚仅提升了水资源利用纯技术效率，该影响较小，不足以改变其对水资源利用效率影响的显著性。而资本密集型制造业专业化集聚程度低，大多属于寡头垄断行业，分布较为分散，其商业与管理知识溢出效应、技术创新与外溢效应不显著；且单个企业规模较大，企业生产经营过程中的绝大部分生产成本已锁定，专业化集聚带来的竞争拥挤效应超过了规模经济效应。因此，专业化集聚未显著提高水资源利用纯技术效率和技术进步指数，对水资源利用规模效率产生了负面影响，致使其降低了水资源利用效率。最后，技术密集型制造业多样化集聚和专业化集聚均显著提升了水资源利用效率，提升作用较大，原因在于两者均提升了水资源利用纯技术效率、规模效率和技术进步指数。由于技术密集型制造业各行业技术专业性较强，多样化集聚产生的技术进步与技术外溢效应不高，商业与管理知识溢出效应、范围经济和规模经济效应则较为明显，更多的是通过提高水资源利用纯技术效率和规模效率来提升水资源利用效率，而其专业化集聚会产生的激烈竞争及其拥挤效应一方面会使其商业与管理知识溢出效应、范围经济和规模经济效应减弱，另一方面会迫使技术密集型企业进行技术创新，积极吸收技术外溢效应，同时技术密集型制造业专业化集聚有利于企业迅速集聚创新要素，提高要素间匹配效率，促进技术创新，技术密集型制造业专业化集聚更多的是通过促进技术进步来提高水资源利用效率。

（2）首先，生产性服务业多样化集聚和专业化集聚显著提升了水资源利用效率，提升作用较小①。原因在于生产性服务业多样化集聚程度高，但集聚结构

① 政府应完善生产性服务业集聚区配套服务环境，构筑推动集聚区发展保障体系，大力发展集聚区内现代生产性服务业，推动生产性服务业向价值链高端延伸，提高其多样化集聚程度，进而有效提升水资源利用效率；同时政府也需努力发展消费性服务业和公共服务业，逐步推动消费性服务业和公共服务业向精细化和高品质转变，提高两类服务业多样化集聚和专业化集聚程度，进而提升水资源利用效率。各个城市政府在制定推动制造业集聚和服务业集聚的政策时，既要考虑本城市特点，也需考虑相邻城市产业集聚对本地水资源利用效率产生的空间溢出效应。

中传统服务业比重较高，多样化集聚并未通过技术进步和技术外溢效应显著提高水资源利用技术进步指数，更多的是通过商业与管理知识溢出效应和为制造业降低交易成本，提升生产效率，提高了水资源利用纯技术效率，通过范围经济和规模经济效应提高了水资源利用规模效率；生产性服务业专业化集聚程度也较高，但专业化集聚产生的过度竞争以及拥挤效应使大部分生产性服务业企业规模不大，进行技术研发动力不足，集聚产生的规模经济效应、技术进步和技术外溢效应较小，企业更多的是利用专业化集聚产生的商业与管理知识溢出效应和交易成本降低效应，提高了生产效率，因此，生产性服务业专业化集聚对水资源利用纯技术效率的提升作用较大，但却未显著提高水资源利用规模效率和技术进步指数。其次，消费性服务业和公共服务业多样化集聚和专业化集聚未显著提升水资源利用效率，原因在于消费性服务业和公共服务业发展水平较低，发展较为分散，两者多样化集聚和专业化集聚程度均较低，消费性服务业和公共服务业多样化集聚均显著提高了水资源利用规模效率，但两者多样化集聚并未显著提高水资源利用纯技术效率和技术进步指数，两者专业化集聚则仅显著提高了水资源利用纯技术效率，对水资源利用规模效率和技术进步指数未产生显著的正面影响。最后，水资源利用量与水资源利用效率均存在空间溢出效应。由表 8-3 可知，回归滞后项参数 ρ 通过了显著性检验，说明水资源利用量与水资源利用效率受相邻城市水资源利用量与水资源利用效率的影响，相邻城市水资源利用量与水资源利用效率提高对本地区有显著影响，即水资源利用量与水资源利用效率存在空间溢出效应。

8.3.3.2 城市层面

将城市分为地级以上城市、地级市和县级市三类进行研究[①]。具体结果如表 8-4 所示。

表 8-4 分城市类型的估计结果

	水资源利用量			水资源利用效率		
	地级以上城市	地级市	县级市	地级以上城市	地级市	县级市
C	3.117*	2.589**	3.463**	2.994**	3.068**	2.729**
滞后一期的因变量	0.290*	0.314*	0.305*	0.272**	0.306*	0.315*

① 地级以上城市包括直辖市、副省级城市和省会城市。

续表

	水资源利用量			水资源利用效率		
	地级以上城市	地级市	县级市	地级以上城市	地级市	县级市
$lnUR_1$	0.129**	0.172**	0.101**	-0.029*	-0.074**	-0.047**
$lnUR_2$	0.068**	0.093*	0.054*	-0.025**	-0.059**	-0.036**
$lnUR_3$	-0.075***	-0.056	-0.028	0.063**	0.042	0.030
控制变量	—	—	—	—	—	—
ρ	0.124*	0.130**	0.117**	0.176*	0.135**	0.121**
Wald 检验	1008.323	890.452	988.405	835.551	737.746	818.904
Hansen 检验	0.801	0.707	0.786	0.842	0.783	0.819

注：*、**、***分别表示在10%、5%和1%水平上通过显著性检验，Arellano-Bond AR（1）和Arellano-Bond AR（2）统计量均无异常，其中前者均小于1%，后者均大于10%。

首先，三类城市城镇化水平和速度提高均导致水资源利用量增加，其中地级以上城市和县级市城镇化水平和速度的正面影响较小。前者是由于该类城市农村人口转移产生的经济规模效应和人口规模效应虽然较大，但其城镇化进程中的固定资产投资质量和外贸外资质量较高，导致城镇化水平作用于水资源利用量的投资拉动效应和外贸外资效应均不大，进而该类城市城镇化水平对水资源利用量的正面影响较小；且该类城市城镇化速度较快，使要素成本过高，迫使地级以上城市低质量外资流出和企业出口转型升级，导致城镇化速度对水资源利用量的提高幅度也较小。至于后者，原因是该类城市城镇化速度较慢，并未吸纳较多的转移人口，城镇化的经济规模与人口规模效应、投资拉动效应、外资效应和贸易效应均较小的缘故。

其次，三类城市城镇化水平、速度提高均不利于水资源利用效率提升，其中地级以上城市的负面影响最小。主要是因为该类城市城镇化所吸纳的人口最多，但吸纳的人力资本水平也最高，进入低端制造业和传统服务业比重最小，导致城镇化水平对水资源利用效率的负面影响小，同时人力资本水平较高能吸收一定的外贸外资技术溢出效应，降低低质量外贸外资对水资源利用效率的不利影响。而地级市城镇化吸纳的转移人口虽然也不少，但这些转移人口的人力资本水平不高，进入低端制造业和传统服务业比重较高，难以吸收外贸外资技术溢出效应，导致负面影响最大；县级市城镇化吸纳的人力资本水平最低，进入低端制造业和传统服务业比重最高，但由于其吸纳的人口最少，导致其城镇化水平对水资源利用效率的负面影响不大，此外其吸收的外贸外资技术溢出效应最小，但由于该类城市外贸总额和引进的外资最少，导致其城镇化水平的负面影响位于地级以上城市和地级市之间。

最后，地级以上城市城镇化质量提高有利于提升水资源利用效率，降低水资源利用量，地级市和县级市城镇化质量提高未显著提升水资源利用效率，降低水资源利用量。主要是因为地级以上城市城镇化质量较高，城镇化通过要素集聚效应、技术进步效应、人力资本效应、产业结构效应、市场化效应等提高了水资源利用效率，降低了水资源利用量；地级以上城市高耗水行业用水监管较为严格、节水体制较顺，节水设施利用率较高、雨水回收利用处理系统效率较高，再生水利用率较高，致使城镇化质量提高了水资源利用效率，降低了水资源利用量；此外，该类城市城镇化促进了经济增长方式由粗放型向集约型转变也是原因之一。

8.3.3.3　*分地区城市层面*

进一步分为东部、中部和西部地区地级以上城市、地级市和县级市进行实证检验。由表 8-5 可知，东部地区地级以上城市城镇化水平和速度分别提高 1%，水资源利用量增加 0.120%和 0.064%，水资源利用效率下降 0.027%和 0.024%，城镇化质量提高 1%，水资源利用量下降 0.087%，水资源利用效率提升 0.073%。可见，东部地区地级以上城市城镇化水平、速度提高均导致水资源利用量增加，不利于水资源利用效率提升，而城镇化质量提高有利于水资源利用量降低，提升水资源利用效率。由表 8-5 至表 8-7 可知，该结论也适用于中西部地区地级以上城市和东部地区地级市；东部地区县级市城镇化水平和城镇化速度分别提高 1%，水资源利用量增加 0.095%和 0.051%，水资源利用效率下降 0.044%和 0.032%，城镇化质量提高 1%，水资源利用量和水资源利用效率分别下降 0.032%和提升 0.036%。可见，东部地区县级市城镇化水平、速度均导致水资源利用量增加，不利于水资源利用效率提升，城镇化质量提高则未显著提升水资源利用效率，降低水资源利用量。该结论也适用于中西部地区地级市和县级市。

表 8-5　东部地区三类城市的实证结果

	水资源利用量			水资源利用效率		
	地级以上城市	地级市	县级市	地级以上城市	地级市	县级市
C	2.930*	2.434**	3.255*	2.813*	2.682**	2.565*
滞后一期的因变量	0.273*	0.295*	0.287**	0.256*	0.288*	0.296**
$lnUR_1$	0.120**	0.162**	0.095***	-0.027**	-0.071**	-0.044***

续表

	水资源利用量			水资源利用效率		
	地级以上城市	地级市	县级市	地级以上城市	地级市	县级市
$lnUR_2$	0.064**	0.087*	0.051*	-0.024*	-0.053*	-0.032**
$lnUR_3$	-0.087**	-0.065**	-0.032	0.073***	0.049**	0.036
控制变量	—	—	—	—	—	—
ρ	0.149**	0.153*	0.140**	0.211**	0.162*	0.145**
Wald 检验	1209.988	1068.542	1186.086	1002.667	885.295	982.684
Hansen 检验	0.961	0.848	0.943	0.912	0.940	0.927

注：*、**、***分别表示在10%、5%和1%水平上通过显著性检验，Arellano-Bond AR（1）和Arellano-Bond AR（2）统计量均无异常，其中前者均小于1%，后者均大于10%。

表 8-6 中部地区三类城市的实证结果

	水资源利用量			水资源利用效率		
	地级以上城市	地级市	县级市	地级以上城市	地级市	县级市
C	2.431*	2.019*	2.701**	2.335**	2.426**	3.039*
滞后一期的因变量	0.247*	0.236*	0.260*	0.254*	0.229*	0.295**
$lnUR_1$	0.145**	0.198***	0.116**	-0.033**	-0.085***	-0.054**
$lnUR_2$	0.078*	0.107**	0.062**	-0.029*	-0.068*	-0.041*
$lnUR_3$	-0.070**	-0.052	-0.025	0.057**	0.039	0.028
控制变量	—	—	—	—	—	—
ρ	0.114**	0.120**	0.108*	0.162**	0.124**	0.111*
Wald 检验	927.657	819.216	909.335	768.704	678.726	753.392
Hansen 检验	0.768	0.633	0.747	0.718	0.653	0.706

注：*、**、***分别表示在10%、5%和1%水平上通过显著性检验，Arellano-Bond AR（1）和Arellano-Bond AR（2）统计量均无异常，其中前者均小于1%，后者均大于10%。

表 8-7 西部地区三类城市的实证结果

	水资源利用量			水资源利用效率		
	地级以上城市	地级市	县级市	地级以上城市	地级市	县级市
C	3.398**	2.821*	3.775**	3.263*	3.342**	2.975**
滞后一期的因变量	0.316*	0.329**	0.332**	0.295**	0.331*	0.343*

续表

	水资源利用量			水资源利用效率		
	地级以上城市	地级市	县级市	地级以上城市	地级市	县级市
$lnUR_1$	0.117***	0.147***	0.088**	-0.029*	-0.066**	-0.038**
$lnUR_2$	0.054*	0.078*	0.046*	-0.023*	-0.054**	-0.032*
$lnUR_3$	-0.060**	-0.046	-0.023	0.052**	0.035	0.026
控制变量	—	—	—	—	—	—
ρ	0.138**	0.144**	0.130*	0.175**	0.152**	0.127**
Wald 检验	1119.239	988.402	1097.135	927.462	818.898	908.981
Hansen 检验	0.886	0.783	0.872	0.934	0.867	0.909

注：*、**、***分别表示在 10%、5%和 1%水平上通过显著性检验，Arellano-Bond AR（1）和 Arellano-Bond AR（2）统计量均无异常，其中前者均小于 1%，后者均大于 10%。

8.4　结论与政策建议

如何在城镇化进程下更加合理有效地利用水资源显然是一个值得思考的问题，本章利用城市面板数据和空间纠正 Sys-GMM 法实证分析了城镇化水平、速度与质量对水资源利用效率的影响。主要得到以下结论：

第一，城镇化水平、速度和质量、水资源利用量、水资源利用效率均存在空间自相关，水资源利用量和水资源利用效率存在空间溢出效应，相邻城市水资源利用量和水资源利用效率有趋同之势；城镇化水平和速度提高导致水资源利用量增加，不利于水资源利用效率提升，城镇化质量提高降低了水资源利用量，有利于水资源利用效率提升，但降低作用和提升作用均较小。故我国需转变粗放型城镇化发展模式，走城镇化内涵式发展道路，推动城镇化进程中政治、经济、文化、社会和生态文明五方面协同发展，以推进新型城镇化建设，提升城镇化质量，进而提高水资源利用效率，降低水资源利用量；同时，制定政策稳妥推进城镇化进程，需对新型城镇化建设进行统筹规划，逐步实施，不能只着眼于城镇化水平和速度提升，需在时空上将城镇化进程中的各种要素进行最优组合，提升城镇化的内涵，反转城镇化水平和速度提高对水资源利用效率的负面影响和对水资源利用量的正面影响；另外，在推进新型城镇化进程，提高水资源利用效率，降低水资源利用量时，政府需发挥统筹协调能力，消除地区封锁和行政壁垒，通过政府引导，推动建立水资源跨区域利用的长效机制，利用空间溢出效应进一步提高水资源利用效率，降低水资源利用量。

第二，分城市类型，三类城市城镇化水平和速度提高均增加了水资源利用量，其中地级市的正面影响最大，三类城市城镇化水平和速度提高均不利于水资源利用效率提升，其中地级以上城市的负面影响最小；地级以上城市城镇化质量提高有利于提升水资源利用效率，降低水资源利用量，地级市和县级市城镇化质量提高未显著提升水资源利用效率，降低水资源利用量；分地区城市类型，三大地区地级以上城市和东部地区地级市城镇化水平和速度提高均导致水资源利用量增加，不利于水资源利用效率提升，城镇化质量提高有利于水资源利用量降低，提升水资源利用效率，东部地区县级市、中西部地区地级市和县级市城镇化水平和速度均导致水资源利用量增加，不利于水资源利用效率提升，城镇化质量提高则未显著提升水资源利用效率，降低水资源利用量。据此，三大地区三类城市，尤其是东部县级市、中西部地级市和县级市需走新型城镇化道路，以提升水资源利用效率，降低水资源利用量。且三类城市中尤其是地级市需更加科学合理地进行新型城镇化建设，在提高城镇化质量与内涵的前提下，可适当提高城镇化水平和速度，反转两者对水资源利用效率的负面影响和对水资源利用量的正面影响。各城市政府在结合本地情况制定措施积极推进城镇化内涵式发展时，需考虑相邻城市城镇化水平、速度和质量对本城市水资源利用量和水资源利用效率产生的空间溢出效应。

第9章　城镇化对水资源安全的影响

目前中国可开发利用的水资源量占水资源总量不足40%，人均水资源也只有世界人均水资源的1/4，中国近80%省域处于水资源短缺状态。另外，中国存在较为严重的水污染问题，这使城镇化进程中的水资源供需矛盾更加突出，水资源安全已成为制约新型城镇化推进的瓶颈之一。同时我国城市供水以地表水或地下水为主，或者两种水源混合使用，水污染带来水质恶化，水生态环境恶化，对新型城镇化进程推进和水资源安全显然不利。那么，如何确保新型城镇化进程下水资源安全显然尤为重要。因此，本章将实证研究城镇化对水资源安全的影响，依据实证结果回答上述问题。

9.1　研究现状

9.1.1　水资源安全评价及影响因素

目前学术界主要集中于水资源安全评价研究。高媛媛等（2012）、曹琦等（2012）、杨理智等（2014）、陆建忠等（2015）、于倩雯和吴凤平（2016）分别利用改进的层次分析法和聚类分析法、“驱动力—压力—状态—影响—响应”模型、云模型、综合指数法、灰色评估模型评价了福建泉州市、甘肃张掖市甘州区、我国西南边境、鄱阳湖流域、青海省的水资源安全现状；宋培争等（2016）基于“压力—状态—响应”模型，采用逻辑斯蒂曲线指数公式和粒子群算法对安徽省水资源安全进行了评价；邵骏等（2016）运用改进的水贫乏指数，从水资源禀赋、水资源利用能力、水资源利用效率等方面构建指标体系，评估了长江流域的水资源安全状况；杨振华等（2017）则采用SPA—MC模型研究发现2002~2014年贵阳市水资源大多数年份为“临界安全”等级，2008年、2012年、2014年则为“较安全”等级。对于水资源安全的影响因素，学者鲜有实证探讨，仅发现王群等（2014）基于黄山风景区实地调研材料的分析，该研究表明技术、资源、道德、生态、人口、管理等因素均对水资源安全产生了影响。

9.1.2 城镇化与水资源环境的耦合关系

部分学者构建城镇化与水资源环境系统评价指标，深入分析了城镇化与水资源环境的耦合程度。高翔等（2010）采用GRA方法计算发现甘肃城镇化与水资源环境间时空耦合度呈波动下降趋势，不同时期各城市耦合度存在差异；张胜武等（2012）运用灰色关联分析法测算发现石羊河流域城镇化与水资源环境间耦合度变动呈现出两个连续U形；杨雪梅等（2014）基于2001~2010年数据分析发现石羊河流域城市化与水资源系统耦合度处于初级耦合和拮抗状态之间；王吉苹和薛雄志（2014）研究表明九龙江流域龙岩、漳州和厦门三地城市化水平与水资源环境耦合度分别处于磨合状态、拮抗状态、磨合与高水平协调状态；尹风雨等（2016）基于省级数据，利用耦合协调模型测度发现中国城镇化与水资源环境耦合度逐年提高，存在“俱乐部收敛”；马海良等（2017）、王飞等（2017）和李珊珊等（2018）则分别研究了河北、皖江城市带和北京城镇化与水资源环境的耦合关系，但这些文献研究范围较小，几乎均是局限于单个地区、流域和城市。

9.1.3 城镇化对水资源利用的影响

部分学者利用计量经济学方法就城镇化水平对水资源利用的影响进行了实证探讨。如李华等（2012）基于1997~2010年西安数据实证发现城市化对不同类型用水量影响存在差异，城市化促进了西安用水效益提升；晁增福等（2014）以阿克苏地区为实证样本，结果发现该地区城镇化水平对用水总量的影响是线性的；杨亮和丁金宏（2014）利用LMDI分解法实证研究了城镇化水平对太湖流域水资源消耗的影响；张晓晓等（2015）和吕素冰等（2016）分别基于2000~2012年的宁夏数据和2006~2013年的中原城市群数据实证研究了城镇化水平对用水结构和用水效益的影响；马海良等（2014）和马远（2016）分别利用Granger因果检验法和IPAT模型实证分析了中国和新疆城镇化对水资源利用量和水资源利用效率的影响；于强等（2014）、阚大学和吕连菊（2017）基于水足迹视角，分别利用时序数据和面板数据实证检验了河北和中国城镇化对水资源利用

的影响，结果发现城镇化提高了水足迹；阚大学和吕连菊（2017）进一步利用PSTR模型研究发现城镇化与水资源利用总量间呈现非线性关系，城镇化对水资源利用总量的影响存在门槛效应；吕连菊和阚大学（2017）则基于1998～2014年城市层面数据，实证发现城镇化对衡量水足迹效益的不同指标影响存在差异。

综上所述，学术界相关研究主要包括水资源安全评价及影响因素、城镇化与水资源环境的耦合关系、城镇化对水资源利用的影响三方面，并未就城镇化对水资源安全的影响进行实证分析。本章基于1999～2015年城市空间动态面板数据，利用空间纠正系统GMM法实证研究城镇化对水资源安全的影响，丰富现有文献。

9.2　模型构建、变量测度与数据说明

9.2.1　模型构建

依据现有研究，借鉴广义空间面板模型，分别以水资源安全（WS）和城镇化（CZ）为被解释变量和解释变量，纳入相关控制变量，构建如下模型：

$$\ln WS_{it}=C+\gamma\ln WS_{it-1}+\rho W\ln WS_{it}+\beta_1\ln CZ_{it}+\lambda X_{it}+\mu_i+\phi_t+\varepsilon_{it} \quad (9-1)$$

$$\varepsilon_{it}=\varphi W\varepsilon_{it}+\upsilon_{it} \quad (9-2)$$

其中，i、t分别表示第i个城市、第t年；X表示控制变量，包括水资源禀赋（WB）、用水效率（YF）、产业结构（CY）、消费水平（XF）、技术进步（JS）、气候因素（QH）；μ、φ分别表示个体虚拟变量、时间虚拟变量；ε、W则分别表示随机误差项、空间权重矩阵。由于各城市上一期的水资源安全影响本期的水资源安全，故在模型中加入其滞后项，这也涵盖了未考虑到的其他影响水资源安全的因素。

9.2.2　变量测度与数据说明

首先，关于水资源安全的测度。本章采用水资源承载力、水资源进口依赖度、水资源自给率、水资源匮乏指数和水资源压力指数5个指标来衡量。其中水资源承载力是一定时期区域水资源可持续支持该区域人口、社会和经济发展的能力，计算公式为$EW=N\times ew=a_w\times r_w\times A_w/P_w$，其中，EW、N、ew、$a_w$、$r_w$、$A_w$、$P_w$分别为水资源承载力、人口总数、人均水资源承载力、水资源均衡因子、区域水资

源产量因子、水资源总量、全球水资源平均生产能力；水资源进口依赖度为区域外部水足迹与该区域水足迹的比值；水资源自给率为区域内部水足迹与该区域水足迹的比值；水资源匮乏指数为区域水足迹与可用水资源量的比值；水资源压力指数=（区域内部水足迹+本区域出口虚拟水量）/本区域可用水资源量[①]。

其次，对于城镇化测度。现有文献大多用常住人口城镇化率衡量，本章借鉴第 3 章的测度方法，从人口城镇化、经济城镇化、社会城镇化和空间城镇化 4 方面构建 39 个指标，通过主成分分析法来测度城镇化。

最后，关于控制变量测度。分别采用人均水资源总量、GDP/用水总量、第三产业产值/GDP、人均消费支出、GDP/年末就业人数、降水量衡量水资源禀赋、用水效率、产业结构、消费水平、技术进步、气候因素。

上述计算原始数据来源《中国统计年鉴》、《中国水资源公报》、《中国城市统计年鉴》、《中国城市发展报告》、《中国县（市）社会经济统计年鉴》、各地的统计年鉴、各地的水资源公报、水利统计年报、CEIC 中国经济数据库以及中经网。

9.3 实证分析

9.3.1 空间自相关检验

运用空间计量经济学中的 Moran's I 指数分别对衡量水资源安全的 5 个指标与城镇化的空间自相关性进行研究[②]。结果发现，样本期间衡量水资源安全的 5 个指标与城镇化的 Moran's I 值均为正数，表明我国水资源安全与城镇化存在空间集群，各城市间的水资源安全与城镇化存在空间相互依赖。较高城镇化水平的

① 水足迹为淡水水足迹（EF_1）与水污染足迹（EF_2）之和。淡水水足迹公式为 $EF_1=N\times W_f=a_w\times A_i/P_w$，其中，N、$W_f$、$a_w$、$A_i$、$P_w$ 分别为人口总数、人均淡水足迹、水资源均衡因子、某类水资源使用量、全球水资源平均生产能力，水污染足迹则利用基于“灰色水”理论的公式 $EF_2=b\times F/P_w$ 计算，其中，b、F 分别为水资源倍数因子、废水排放总量。淡水包括农业用水、工业用水、生活用水、生态环境补水和虚拟水五类水，虚拟水含量主要参考了 Hoekstra（2003）的研究，采用生产树法计算得到。

② 在利用 Moran's I 公式计算时，空间权重矩阵 W 采用国内文献普遍使用的 0-1 权重矩阵，即当 i 城市与 j 城市相邻或不相邻时，W 分别为 1 或 0。当 Moran's I 指数分别大于 0、小于 0、等于 0 时，表明城市变量存在空间正相关、负相关和不相关。

城市，其相邻城市城镇化水平往往也较高，反之，亦是如此。同样地，该结论也适用于衡量水资源安全的5个指标变量，即水资源安全程度较高的城市，其相邻城市水资源安全程度往往也较高，反之，亦是如此。进一步可知，较高城镇化水平的城市与较低水资源承载力、较低水资源自给率的城市存在空间相关性，较低城镇化水平的城市与较高水资源承载力、较高水资源自给率的城市也存在空间相关性；较高城镇化水平的城市与较高水资源进口依赖度、较高水资源匮乏指数和较高水资源压力指数的城市存在空间相关性，较低城镇化水平的城市与较低水资源进口依赖度、较低水资源匮乏指数和较低水资源压力指数的城市也存在空间相关性。初步可知，城镇化与水资源承载力和水资源自给率呈负相关关系，与水资源进口依赖度、水资源匮乏指数和水资源压力指数呈正相关关系。

9.3.2　空间动态面板模型选择和相关检验

在利用空间纠正Sys-GMM法回归前，需依据LM和Robust LM统计量的显著性来判断何种空间动态面板模型适合估计，由表9-1可知，当被解释变量为水资源承载力和水资源自给率时，LM（lag）统计量和Robust LM（lag）统计量分别通过了1%和5%水平显著性检验，LM（error）统计量和Robust LM（error）统计量则分别通过了5%和10%水平显著性检验，可见前两个统计量更为显著；当被解释变量为水资源进口依赖度、水资源匮乏指数和水资源压力指数时，只有LM（lag）统计量显著，故选择空间动态面板滞后模型。另估计前已经进行了单位根检验、协整检验和多重共线性检验，结果发现变量为I（1），存在协整关系，不存在多重共线性问题。

表9-1　模型选择的LM统计量

	LM（lag）	LM（error）	RobustLM（lag）	RobustLM（error）
水资源承载力	12.168***	6.945**	6.312**	3.479*
水资源进口依赖度	5.295*	2.038	—	—
水资源自给率	10.357***	6.116**	5.908**	2.864*
水资源匮乏指数	4.639*	1.424	—	—
水资源压力指数	6.742*	2.563	—	—

注：*、**和***分别表示在10%、5%和1%水平上通过显著性检验。

资料来源：笔者整理。

9.3.3 实证结果分析

9.3.3.1 全国层面

利用 Stata 软件对设定的空间动态面板模型进行估计，具体结果如表 9-2 所示。

表 9-2 全国层面的估计结果

	水资源承载力	水资源进口依赖度	水资源自给率	水资源匮乏指数	水资源压力指数
C	2.125**	2.428**	2.590*	2.508*	3.681**
滞后一期的因变量	0.326*	0.314*	0.303**	0.345**	0.319*
lnCZ	-0.254***	0.198**	-0.175**	0.116**	0.127**
lnWB	0.498**	-0.205**	0.316**	-0.437**	-0.242**
lnYF	0.132*	-0.127***	0.119*	-0.138*	-0.126*
lnCY	0.093*	-0.096	0.091*	-0.099**	-0.098
lnXF	-0.154**	0.161*	-0.129**	0.138**	0.173**
lnJS	0.048**	-0.047***	0.042**	-0.049*	-0.054*
lnQH	0.056	-0.058**	0.064**	-0.053	-0.061**
ρ	0.057**	0.065*	0.068**	0.067***	0.098
Wald 检验	1430.058	1099.325	1081.809	1124.096	1241.373
Hansen 检验	0.762	0.614	0.645	0.723	0.657

注：*、**和***分别表示在10%、5%和1%水平上通过显著性检验，Arellano-Bond AR（1）和 Arellano-Bond AR（2）统计量均无异常，其中前者均小于1%，后者均大于10%。

资料来源：笔者整理。

（1）城镇化导致水资源承载力和水资源自给率下降，提高了水资源进口依赖度。由表 9-2 可知，城镇化水平提高 1%，水资源承载力下降 0.254%，水资源进口依赖度提高 0.198%，水资源自给率下降 0.175%，分别在 1%、5%和 5%水平上显著。表明城镇化水平提高对水资源承载力和水资源自给率产生了负面影响，对水资源进口依赖度则产生了正向影响。原因可能在于城镇化虽然提高了水资源利用效率，但也大幅提高了水资源利用量，且前者的提高效应较小，后者的提高效应较大，使水资源承载力下降，即水资源可持续支持人口、社会和经济发展的能力下降。其中城镇化主要是通过要素集聚效应、技术进步效应、人力资本提高效应、产业结构效应、市场化效应等提高了水资源利用效率，具体是城镇化推动了要素在城镇中集聚，产生了规模经济效应，使水资源消耗强度下降，水资

源利用效率提高；城镇化降低了供水、节水、雨水回收、水污染处理等水资源循环利用技术在内的研发成本和技术推广成本，促进了与水资源利用相关技术的进步，提高水资源利用效率；城镇化有助于转移人口获得更多的教育培训机会和享受更好的医疗健康服务，增加了人力资本，提高了劳动生产效率，降低了水资源消耗强度，同时城镇化使转移人口享受到了城市文明的熏陶，提高了整体人口素质，有助于节水和改善水生态环境，提高水资源利用效率；城镇化推动了产业结构优化调整，使耗水较少的现代制造业和新兴服务业占比增加，有助于提高水资源利用效率；城镇化提高了要素市场流动性和竞争性，有利于淘汰要素市场扭曲产生的落后产能以及改善了要素市场扭曲产生的水资源误置，提高水资源利用效率；城镇化使与水资源利用相关设施，主要是供水、节水、排水、污水处理等设施被更多人口分享，提高了水资源利用效率。但由于我国城镇化更多的是粗放型的，城镇化内涵建设不足，注重的是城镇化率提高，导致城镇化质量较低，样本期间城镇化质量均值仅为1.209，同时不同地区城镇化质量差距较大，均导致城镇化通过上述效应对水资源利用效率的提高效应较小。另外，城镇化通过经济规模效应、人口规模效应、投资拉动效应、外资效应、外贸效应等大幅提高水资源利用量，具体是城镇化通过促进消费等途径提高了经济规模，消耗了大量水资源；城镇化进程中大量农村人口进入城镇，导致生活用水大幅增加，同时进入城镇的人口多就业于耗水较多的劳动密集型行业和传统服务业，导致产业用水增加，且人口转移到城镇给生态环境造成了一定的破坏，生态环境修复、治理和维护所需水资源量增加；城镇化带来了基础设施等投资增加，在项目建设运营过程中消耗了大量水资源；城镇化形成的人口红利，促使劳动密集型外资流入以及出口规模大幅提高，导致外企生产过程中和出口产品生产过程中大量水资源被消耗。至于城镇化提高了水资源进口依赖度，降低了水资源自给率的原因主要是城镇化进程中消耗了大量水资源，各地区为了缓解本地区水资源供需矛盾，提高水资源承载力，往往从本地区外部通过虚拟水贸易方式来解决，从而城镇化提高了外部水足迹占水足迹的比重，降低了内部水足迹占水足迹的比重，即提高了水资源进口依赖度，降低了水资源自给率。

（2）城镇化提高了水资源匮乏指数和水资源压力指数。由表9-2可知，城镇化水平提高1%，水资源匮乏指数提高0.116%，水资源压力指数提高0.127%，均在5%水平上显著。表明城镇化与水资源匮乏指数和水资源压力指数均呈正相关关系。前者原因可能在于城镇化通过经济规模效应、人口规模效应、投资拉动效应、外资效应、外贸效应提高了水足迹，同时城镇化进程中人口转移到城镇导致水生态环境受到了一定的污染，而不少地区污水处理设施不完善，环境规制执行效率低下，对水污染选择性执法行为的存在使可用水资源量下降；另外，城镇的节水和再生水回用设施不尽完善，使城镇节水和再生水利用效果不佳，又因水资源管理法规体系不健全，多渠道的水资源循环利用机制没有形成，导致可用水资源量下降，从而使城镇化提高了水足迹与可用水资源量的比值，即城镇化提高了水资源匮乏指数。后者原因主要在于城镇化进程中要素市场扭曲依然存在，各要素成本较低，提升了出口产品竞争力，促进了出口，导致出口虚拟水量大幅提高，又使可用水资源量下降，故城镇化进程中内部水足迹与出口虚拟水量之和与可用水资源量的比值会增加，即城镇化导致了水资源压力指数提高。

（3）控制变量估计结果。由表 9-2 可知，水资源禀赋增长 1%，水资源承载力和水资源自给率分别提高 0.498%和 0.316%，水资源进口依赖度、水资源匮乏指数和水资源压力指数分别下降 0.205%、0.437%和 0.242%，且均通过了显著性检验，说明水资源禀赋增加提高了水资源承载力和水资源自给率，降低了水资源进口依赖度、水资源匮乏指数和水资源压力指数；用水效率、产业结构、技术进步和气候因素变量的估计系数符号与水资源禀赋变量的估计系数符号相同，说明用水效率、产业结构、技术进步和气候因素均有助于水资源承载力和水资源自给率提高，有利于水资源进口依赖度、水资源匮乏指数和水资源压力指数降低，其中产业结构和气候因素变量的估计系数部分不显著，说明我国产业结构尚需优化，降水回收设施有待完善，降水回收效果还需进一步改进以及水循环利用机制亟待建立；技术进步变量的估计系数虽然通过了显著性检验，但均较小，说明技术进步产生了水资源利用回弹效应；消费水平提高 1%，水资源承载力和水资源自给率分别下降 0.154%和 0.129%，水资源进口依赖度、水资源匮乏指数和水资源压力指数分别提高 0.161%、0.138%和 0.173%，且均显著，说明消费水平增加导致水资源承载力和水资源自给率下降，水资源进口依赖度、水资源匮乏指数和水资源压力指数提高，原因可能在于我国居民收入水平不高，居民消费结构不太合理，消费产品中耗水较多的传统制造业和传统服务业产品占比较高所致。

（4）水资源安全存在空间溢出效应。由表 9-2 可知，城镇化对水资源承载力、水资源进口依赖度、水资源自给率、水资源匮乏指数和水资源压力指数影响的所有回归滞后项参数 ρ 均在不同显著水平上为正，表明水资源安全受相邻城市水资源安全的影响，相邻城市水资源承载力、水资源进口依赖度、水资源自给率、水资源匮乏指数和水资源压力指数对本地区相应水资源安全指标有显著影响，即水资源安全存在空间溢出效应。

9.3.3.2 城市层面

将城市分为地级以上城市、地级市和县级市三类进行研究①。具体结果如表9-3所示。

（1）三类城市城镇化均导致水资源承载力下降，其中地级以上城市城镇化的降低作用最小，地级市城镇化的降低作用最大，县级市城镇化的降低作用位于两者之间。由表9-3可知，城镇化水平提高1%，地级以上城市、地级市和县级市水资源承载力分别下降0.181%、0.319%和0.238%，均通过了显著性检验。其中地级以上城市城镇化对水资源承载力的降低作用最小，原因在于该类城市城镇化通过经济规模效应、人口规模效应和投资拉动效应对水资源利用产生的影响虽然较大，但该类城市城镇化发展较快，使该地区人力资本、金融发展水平和研发实力等软环境得到了大幅改善，吸引了高质量外资流入，也提高了外贸中高端制造业产品比重，同时该类城市城镇化较大幅度提高了要素成本，促使耗水较多的劳动密集型行业的低质量外资流出和出口企业转型升级，这使城镇化作用于水资源利用量的外贸外资效应不大，且该类城市城镇化内涵建设质量相对较高，通过要素集聚效应、技术进步效应、人力资本提高效应、产业结构效应、市场化效应等提高了水资源利用效率，降低了水资源利用量。综合来看，地级以上城市城镇化对水资源承载力的降低作用最小。而地级市城镇化产生的经济规模效应、人口规模效应和投资拉动效应较大，同时城镇化进程中凭借着较低的要素成本、较为完善的基础设施和交通便利条件，吸引了较多低质量外资，这些外资多是进入了耗水较多的劳动密集型产业，同时承接了地级以上城市转移的大量耗水较多的传统制造业和传统服务业，且该类城市对外出口中耗水较多的中低端产品比重较高，导致该类城市城镇化对水资源利用产生的外贸外资效应较大，又因该类城市城镇化质量不高，粗放型特征比较明显，通过要素集聚效应、技术进步效应、人力资本提高效应、产业结构效应、市场化效应等对水资源利用效率的提高作用较小。地级市城镇化对水资源承载力的降低作用最大。县级市城镇化发展速度较慢，吸纳的转移人口较少，城镇化作用于水资源利用的经济规模效应、人口规模效应、投资拉动效应、外贸外资效应均较小，同时其城镇化难以形成要素集聚，促进技术进步，提高人力资本，推进产业结构升级和要素市场化，因此，该类城市城镇化对水资源利用效率的提高作用不明显。所以，县级市城镇化对水资源承载力的降低作用位于地级市与地级以上城市之间。

① 地级以上城市包括直辖市、副省级城市和省会城市。

表 9-3　城市层面的估计结果

	水资源承载力	水资源进口依赖度	水资源自给率	水资源匮乏指数	水资源压力指数	水资源承载力	水资源进口依赖度	水资源自给率	水资源匮乏指数	水资源压力指数	水资源承载力	水资源进口依赖度	水资源自给率	水资源匮乏指数	水资源压力指数
C	2. 320*	2. 646**	2. 821*	2. 733**	3. 117*	2. 203**	2. 305*	2. 681**	2. 342*	3. 434**	2. 153*	2. 245**	2. 607	2. 280*	3. 321
滞后一期的因变量	0. 256	0. 245*	0. 240	0. 269*	0. 251**	0. 350	0. 317*	0. 325	0. 331**	0. 309*	0. 394**	0. 360	0. 368*	0. 374	0. 356**
lnCZ	-0. 181**	-0. 037**	0. 042**	0. 035	0. 049	-0. 319*	0. 364**	-0. 348**	0. 197*	0. 186**	-0. 238**	0. 209*	-0. 192***	0. 056**	0. 073*
lnWB	0. 408***	-0. 162**	0. 256**	-0. 343***	-0. 174**	0. 527**	-0. 271***	0. 334**	-0. 496***	-0. 265**	0. 582***	-0. 298**	0. 391**	-0. 533**	-0. 302***
lnYF	0. 165*	-0. 178**	0. 152**	-0. 174*	-0. 157**	0. 102***	-0. 096**	0. 105*	-0. 118*	-0. 107**	0. 077**	-0. 073**	0. 079*	-0. 085**	-0. 081*
lnCY	0. 272**	-0. 197*	0. 174*	-0. 158**	-0. 139*	0. 086*	-0. 069	0. 077**	-0. 082	-0. 081	0. 049	-0. 046*	0. 050	-0. 053*	-0. 052
lnXF	-0. 059	0. 053	-0. 045	0. 076	0. 044	-0. 171**	0. 183*	-0. 140*	0. 159**	0. 198*	-0. 248**	0. 261***	-0. 195***	0. 227**	0. 280**
lnJS	0. 153**	-0. 148**	0. 159**	-0. 167**	-0. 186***	0. 043**	-0. 038**	0. 036***	-0. 045**	-0. 050**	0. 025**	-0. 023	0. 021	-0. 026*	-0. 029
lnQH	0. 062*	-0. 059	0. 071*	-0. 052**	-0. 058	0. 052	-0. 043**	0. 049*	-0. 067	-0. 058*	0. 029	-0. 034*	0. 037**	-0. 031	-0. 026**
ρ	0. 087*	0. 066**	0. 078**	0. 090*	0. 069**	0. 075**	0. 082*	0. 083**	0. 079**	0. 101***	0. 063*	0. 069**	0. 070**	0. 066***	0. 085**
Wald 检验	1372. 856	1110. 318	1201. 890	1011. 736	1250. 133	1472. 974	1033. 387	1114. 276	1045. 415	1154. 487	1743. 241	1340. 078	1318. 725	1370. 273	1513. 234
Hansen 检验	0. 838	0. 620	0. 717	0. 701	0. 732	0. 799	0. 595	0. 674	0. 683	0. 626	0. 852	0. 661	0. 743	0. 754	0. 697

注：*、**和***分别表示在10%、5%和1%水平上通过显著性检验，Arellano-Bond AR（1）和 Arellano-Bond AR（2）统计量均无异常，其中前者均小于1%，后者均大于10%。

资料来源：笔者整理。

（2）地级以上城市城镇化降低了水资源进口依赖度，提高了水资源自给率，地级市和县级市城镇化的结论与之相反。由表9-3可知，城镇化水平提高1%，三类城市水资源进口依赖度分别提高-0.037%、0.364%和0.209%，水资源自给率分别下降-0.042%、0.348%和0.192%，且均通过了显著性检验，说明地级以上城市城镇化对水资源进口依赖度和水资源自给率的影响与地级市和县级市城镇化的影响相反。原因可能在于为了缓解城镇化进程中水资源供需矛盾，地级以上城市可以基于城镇化形成的良好软环境，推动消费结构和产业结构升级，该类城市生产的产品多是耗水量较少的高端制造业和现代服务业产品，出口到该类城市以外的产品也多是这些耗水量较少的产品，导致该类城市城镇化对于外部水资源的需求较少，更多的是利用内部水资源，即地级以上城市城镇化降低了水资源进口依赖度，提高了水资源自给率。而地级市和县级市城镇化进程中的消费结构和产业结构升级较为缓慢，第二产业比重仍然较高，特别是中低端制造业和传统服务业产品占比高，生产和出口的产品耗水量较多，导致两类城市城镇化对外部水资源的需求较大，提高了水资源进口依赖度，降低了水资源自给率。

（3）三类城市城镇化均提高了水资源匮乏指数和水资源压力指数，其中地级以上城市城镇化的估计系数不显著。由表9-3可知，城镇化水平提高1%，三类城市水资源匮乏指数分别提高0.035%、0.197%和0.056%，水资源压力指数分别提高0.049%、0.186%和0.073%，地级市和县级市城镇化的估计系数显著，地级以上城市不显著。原因可能在于地级以上城市城镇化提高了水资源利用效率，使其提高水足迹的效应较小，同时该类城市水资源管理法规较为健全，已经建立水资源价格形成机制，对高耗水行业用水监管较为严格、居民节水意识较强，节水体制较顺，节水设施利用率较高、雨水回收利用处理系统效率与再生水利用率较高，多渠道的水资源循环利用机制初步形成、污水处理设施较为完善，水生态环境规制执行效率较高，使该类城市可用水资源量并未因城镇化明显下降，导致地级以上城市城镇化未显著提高水足迹与可用水资源量的比值，即该类城市城镇化对水资源匮乏指数的提高未通过显著性检验。另外，地级以上城市城镇化进程中出口虚拟水量较少，致使城镇化未显著提高内部水足迹+出口虚拟水量之和与可用水资源量的比值，即城镇化未显著提高水资源压力指数。

9.4 结论与政策建议

如何在推进新型城镇化的同时确保水资源安全是当前亟须解决的问题之一。本章基于城市空间动态面板数据，利用空间纠正系统 GMM 法就城镇化对水资源安全的影响进行了实证研究，主要得到以下结论：

第一，在全国层面，城镇化与水资源安全存在空间自相关，水资源安全受相邻城市水资源安全的影响，水资源安全存在空间溢出效应；城镇化导致水资源承载力和水资源自给率下降，提高了水资源进口依赖度、水资源匮乏指数和水资源压力指数。由此可见，城镇化致使水资源安全程度下降。据此，首先，我国需在积极推进新型城镇化、提高城镇化质量的同时，要消除壁垒与障碍，畅通要素流动，努力改善要素集聚的软硬环境，推动要素集聚，特别是要形成以数据、人才等高端要素为核心的集聚平台、落实自主创新战略，创新支撑政策，加大科研投入力度，尤其是基础科学的资金投入、积极推动科研成果转化，加强知识产权保护，鼓励原创技术创新、深化教育、医疗卫生体制改革，增进医疗与教育公平，采取财税政策鼓励培训和终身学习，提高人力资本水平与效率、深化供给侧结构性改革，利用数字技术赋能传统产业，以产业数字化和数字化产业为主线，加快产业结构升级、加快户籍制度和土地制度改革，推进金融市场改革，引导资本市场有序发展，矫正要素市场扭曲，进而进一步提升城镇化的要素集聚效应、技术进步效应、人力资本提高效应、产业结构效应、市场化效应，提高水资源利用效率，提升水资源承载力和水资源自给率，降低水资源进口依赖度。同时在提高城镇化质量过程中，通过粗放型增长向集约型增长转变、稳步增加居民收入，夯实消费基础，优化消费结构、合理调整投资方向，提升投资效率与质量、修订扩大《鼓励外商投资产业目录》，引导外资更多投向先进制造、现代服务、高新技术、节能环保、绿色低碳、数字经济等新兴领域、推动贸易数字化进程，提升贸易效益，推动贸易高质量发展，进而降低城镇化通过经济规模效应、人口规模效应、投资拉动效应、外资效应、外贸效应消耗的水资源量，提升水资源承载力和水资源自给率，降低水资源进口依赖度。其次，健全水资源管理体制，对水资源管理制度、水权交易制度、污水处理收费制度、水价综合改革制度等进行完善，构建多渠道的水资源循环利用机制，提高城镇化进程中可用水资源量；增加节水减排、水资源循环利用以及污水处理设施，提高设施利用率，且适度提升命令控制型、经济激励型和公众参与型环境规制水平，提高执行效率，保护城镇化进程中的水生态环境，进一步提高可用水资源量，降低水资源匮乏指数。同时在推动新型城镇化进程中延长产业链，优化外贸结构，提升出口技术复杂度与出口附加值，减少出口虚拟水量，达到水资源压力指数下降。最后，积极推动建立水资源跨区域利用的长效机制和平台，利用空间溢出效应进一步提高水资源承载力和水资源自给率，降低水资源进口依赖度、水资源匮乏指数和水资源压力指数，确保城镇化进程中水资源安全。

第二，在城市层面，三类城市城镇化均导致水资源承载力下降，其中地级以上城市城镇化的降低作用最小，地级市城镇化的降低作用最大，县级市城镇化的降低作用位于两者之间；地级以上城市城镇化降低了水资源进口依赖度，提高了水资源自给率，地级市和县级市城镇化的结论与之相反；三类城市城镇化均提高了水资源匮乏指数和水资源压力指数，其中地级以上城市城镇化的估计系数不显著。据此，三类城市尤其是地级市和县级市需落实新型城镇化战略，切实提高城镇化质量，通过提高城镇化对水资源利用效率的正面影响，降低城镇化对水资源利用的负面影响，提高水资源承载力。需着力提高城镇化进程中的外贸质量，转变外贸增长方式，优化外贸结构，降低两类城市城镇化对于外部水资源的需求，进而降低水资源进口依赖度，提高水资源自给率，这也有助于出口虚拟水量减少，达到降低水资源压力指数的目的。同时两类城市需认真执行水资源管理相关法规，优化水资源价格形成机制，提高水资源相关设施的利用率，形成水资源循环利用；并提高水生态环境规制执行效率，保护水资源，进而降低水资源匮乏指数。

第 10 章 城镇化对水资源可持续利用的影响

10.1 模型构建、变量测度和数据说明

10.1.1 模型构建

依据国内外相关文献，基于中国 2000~2015 年数据与 Lesage 和 Pace（2009）的广义空间面板模型，构建分别以水资源可持续利用情况（EFZ）和城镇化水平（UR）为因变量和自变量，纳入水资源禀赋（WB）、用水效率（YF）、产业结构（IS）、消费水平（XF）、技术进步（TE）、对外开放程度（TR）、气候因素（QH）等控制变量的空间计量模型：

$$\ln EFZ_{it} = C + \gamma \ln EFZ_{it-1} + \rho W \ln EFZ_{it} + \beta_1 \ln UR_{it} + \lambda Z_{it} + \mu_i + \phi_t + \varepsilon_{it} \quad (10-1)$$

$$\varepsilon_{it} = \varphi W \varepsilon_{it} + \upsilon_{it} \quad (10-2)$$

其中，i 表示第 i 个城市，t 表示第 t 年，Z 表示控制变量，包括上述所设定的控制变量，并且由于上一期的水足迹增长会影响到当期水足迹增长以及涵盖未考虑到的其他影响水足迹增长因素，加入行业水足迹增长的滞后项。μ、ϕ、ε、W 分别为城市个体虚拟变量、时间虚拟变量、随机误差项、空间权重矩阵①。

上述模型可以派生出两种常用模型：①当 $\rho \neq 0$，$\beta_1 \neq 0$，$\varphi = 0$ 时，为空间动态面板滞后模型，该模型表明本地区水足迹增长不仅与本地区解释变量有关，还

① 空间权重矩阵采用 0-1 权重矩阵。

与相邻地区水足迹增长有关；②当 $\rho=0$，$\beta_1\neq0$，$\varphi\neq0$ 时，为空间动态面板误差模型，该模型表明本地区水足迹增长不仅与本地区解释变量有关，还与相邻地区水足迹增长以及解释变量有关。

10.1.2 变量测度与数据说明

（1）水资源可持续利用测度。用水足迹增长指数来衡量，具体为（本年水足迹-上年水足迹）/上年水足迹，测度区域水资源耗用量的变动幅度。首先，基于生态足迹模型来核算淡水水足迹（EF_1），然后基于“灰色水”理论计算水污染足迹（EF_2），则所需测度的水足迹即为两者之和。淡水水足迹主要是采用下式 $EF_1=N\times W_f=a_w\times A_i/P_w$ 得到，水污染足迹则采用公式 $EF_2=b\times F/P_w$ 得到，其中，N、W_f、a_w、A_i、P_w、b、F 分别为人口规模、人均淡水足迹、水资源均衡因子、某类水资源（农业用水、工业用水、生活用水、生态环境补水、虚拟水）使用量、全球水资源平均生产能力、水资源倍数因子、废水排放总量。利用淡水水足迹公式也可分别得到每一类水的水足迹，其中虚拟水含量采用生产树法计算得到。相关原始数据源自各地的水资源公报、统计年鉴、水利统计年鉴、环境状况公报、统计公报。

（2）城镇化水平测度。现有文献大多用常住人口城镇化率衡量，本章采用第 3 章的测度方法，从人口、经济、社会和空间城镇化 4 方面构建 39 个指标，通过主成分分析法来测度城镇化。其中采用 Z 得分值法、“1-逆向指标”或“1/逆向指标”分别对数据和逆向指标进行了处理。

（3）控制变量测度。分别采用人均水资源总量、GDP/用水总量、第三产业产值/GDP、人均消费支出、GDP/年末就业人数、（进出口总额+实际利用外资金额）/GDP、降水量衡量水资源禀赋、用水效率、产业结构、消费水平、技术进步、对外开放程度、气候因素。原始数据源自历年的各省市统计年鉴、水资源公报和统计公报等。

10.2 数据检验

10.2.1 空间自相关检验

使用空间自相关指数 Moran’s I 检验中国城镇化水平和水足迹增长指数的空

间相关性。依据国内外众多文献，在具体运用 Moran's I 指数测度时采用 0-1 矩阵。检验结果表明，样本期内中国城镇化水平和水足迹增长指数的 Moran's I 值大于 0，呈现上升趋势，说明中国各城市城镇化水平和水足迹增长指数具有明显的正相关关系，两者空间差异呈现出空间集群，这种集群不是随机产生的，而是有规律的，即各城市间的城镇化水平与水足迹增长指数存在空间相互依赖。城镇化水平较高的城市易和其他较高城市相邻，城镇化水平较低的城市易和其他较低城市接近，水足迹增长指数相对较大的城市易和其他较高城市相邻，水足迹增长指数相对较小的城市易和其他较低城市接近。

10.2.2 空间动态面板模型选择和相关检验

在利用空间纠正 Sys—GMM 法回归前，需依据 LM 和 Robust LM 统计量的显著性来判断何种空间动态面板模型适合估计，由表 10-1 可知，LM（lag）统计量和 Robust LM（lag）统计量分别通过了 1%和 5%水平显著性检验，LM（error）统计量和 Robust LM（error）统计量则分别通过了 5%和 10%水平显著性检验，可见前两个统计量更为显著，故选择空间动态面板滞后模型。估计前已经进行了单位根检验、协整检验和多重共线性检验，结果发现变量为 I（1），存在协整关系，不存在多重共线性问题。

表 10-1 模型选择的 LM 统计量

LM（lag）	LM（error）	Robust LM（lag）	Robust LM（error）
10.345***	5.709**	6.001**	3.217*

注：*、**和***分别表示在 10%、5%和 1%水平上通过显著性检验。

10.3 实证结果分析

利用空间纠正系统 GMM 法估计中国城镇化对水足迹增长指数的影响，具体结果如表 10-2 所示。

表 10-2　估计结果

C	2.798**
滞后一期的因变量	0.301*
lnUR	0.239***
lnWB	0.097**
lnYF	-0.128*
lnIS	-0.090*
lnXF	0.152**
lnTE	-0.046**
lnTR	0.127**
lnQH	-0.054
ρ	0.053**
Wald 检验	1206.129
Hansen 检验	0.725

注：*、**和***分别表示在 10%、5%和 1%水平上通过显著性检验，Arellano-Bond AR（1）和 Arellano-Bond AR（2）统计量均无异常，其中前者小于 1%，后者大于 10%。

首先，由表 10-2 可知，中国城镇化水平提高 1%，水足迹增长指数提高 0.239%，在 1%水平上显著。表明中国城镇化水平提高对水足迹增长产生了正向影响。原因可能在于城镇化虽然提高了水资源利用效率，但也大幅提高了水资源利用量，且前者的提高效应较小，后者的提高效应较大，使水足迹增长幅度提高，即中国水资源耗用量的增长幅度提高。其中中国城镇化主要是通过要素集聚效应、技术进步效应、人力资本提高效应、产业结构效应、市场化效应等提高了水资源利用效率，具体是城镇化推动了要素在城镇中集聚，产生规模经济效应，使水资源消耗强度下降，水资源利用效率提高；城镇化降低了供水、节水、雨水回收、水污染处理等水资源循环利用技术在内的研发成本和技术推广成本，促进了与水资源利用相关技术的进步，提高水资源利用效率；城镇化有助于转移人口获得更多的教育培训机会和享受更好的医疗健康服务，增加了人力资本，提高了劳动生产效率，降低了水资源消耗强度，同时城镇化使转移人口享受到了城市文明的熏陶，提高了整体人口素质，有助于节水和改善水生态环境，提高了水资源利用效率；城镇化推动了产业结构优化调整，使耗水较少的现代制造业和新兴服务业占比增加，有助于提高水资源利用效率；城镇化提高了要素市场流动性和竞争性，有利于淘汰要素市场扭曲产生的落后产能以及改善了要素市场扭曲产生的水资源误置，提高水资源利用效率；城镇化使与水资源利用相关设施，主要是供水、节水、排水、污水处理等设施被更多人口分享，提高了水资源利用效率。但由于中国城镇化更多是粗放型的，城镇化内涵建设不足，注重的是城镇化率提高，导致城镇化质量较低，样本期间城镇化质量均值仅为 1.209，同时不同地区城镇化质量差距较大，均导致城镇化通过上述效应对水资源利用效率的提高效应较小。中国城镇化通过经济规模效应、人口规模效应、投资拉动效应、外资效应、外贸效应等大幅提高水资源利用量，提高了水足迹增长幅度。具体是中国城镇化通过促进消费等途径提高了经济规模，消耗了大量水资源；城镇化进程中大量农村人口进入城镇，导致生活用水大幅增加，同时进入城镇的人口多就业于耗水较多的劳动密集型行业和传统服务业，导致产业用水增加，且人口转移到城镇给生态环境造成了一定的破坏，生态环境修复、治理和维护所需水资源量增加；城镇化带来了基础设施等投资增加，在项目建设运营过程中消耗了大量水资源；城镇化形成的人口红利促使劳动密集型外资流入以及出口规模大幅提高，导致外企生产过程中和出口产品生产过程中大量水资源被消耗。

其次，控制变量估计结果。由表 10-2 可知，中国水资源禀赋增长 1%，水足迹增长指数提高 0.097%，通过了显著性检验，说明水资源禀赋增加提高了水足迹增长幅度；用水效率、产业结构、技术进步和气候因素变量的估计系数符号与水资源禀赋变量的估计系数符号相同，说明中国用水效率、产业结构、技术进步和气候因素均降低了水足迹增长幅度，其中产业结构和气候因素的估计系数部分不显著，说明中国产业结构尚需优化，降水回收设施有待完善，降水回收效果还需进一步改进以及水循环利用机制亟待建立；技术进步的估计系数虽然通过了显著性检验，但较小，说明中国技术进步产生了水资源利用回弹效应；消费水平和对外开放程度提高 1%，水足迹增长指数分别提高 0.152%和 0.127%，且均显著。前者原因可能在于中国居民收入水平不高，居民消费结构不太合理，消费产品中耗水较多的传统制造业和传统服务业产品占比较高所致。后者原因在于中国出口商品结构中多是附加值不高的耗水量大的劳动密集型产品。

最后，水足迹增长存在空间溢出效应。由表 10-2 可知，中国城镇化对水足迹增长影响的回归滞后项参数 ρ 在 5%显著水平上为正，表明水足迹增长受相邻城市水足迹增长的影响，即水足迹增长存在空间溢出效应。

10.4 结论与政策建议

本章基于城市层面数据，构建空间动态面板模型，运用 Moran's I 指数和空间纠正系统 GMM 法，用水足迹增长指数衡量水资源可持续利用情况，实证研究了中国城镇化对水资源可持续利用的影响①。结果发现，中国城镇化和水足迹增长指数均存在空间自相关，水足迹增长指数存在空间溢出效应，相邻城市水足迹增长指数有趋同之势；城镇化显著提高了中国水足迹增长幅度，对水资源可持续利用不利。

基于上述实证结果，提出以下政策建议：

第一，中国需加强城镇化内涵建设，提高城镇化质量，在推进新型城镇化进程时，要破除要素流动壁垒，降低要素集聚成本，创新要素集聚环境，打造高端要素集聚平台，提高要素集聚能力、落实创新驱动发展战略，加大研发资金投入，优化资金投入方向和结构，进一步发挥市场中介作用，做优做强科技成果转化平台，提高自主创新能力、继续推进教育体制改革，加大教育投资，提高培训经费支出比重，增进教育公平、进一步淘汰落后产能，进行供给侧改革，优化产业结构，提升产业质量、加快户籍制度和金融制度改革，矫正劳动力和资本等要素配置扭曲，推进要素市场化改革，进一步提升城镇化的要素集聚效应、技术进步效应、人力资本提高效应、产业结构效应、市场化效应，提高水资源利用效率，降低水足迹增长幅度。同时在推进城镇化进程中，转变经济增长方式、提高人们收入水平，促进消费结构升级，改变人们生产生活方式、优化投资方向，提高投资质量、吸引高质量外资流入、转变外贸增长方式，进而降低城镇化通过经济规模效应、人口规模效应、投资拉动效应、外资效应、外贸效应消耗的水资源量，降低水足迹增长幅度。

---

① 分别用区域水足迹与水资源承载力之差、（本年可用水资源量-上年可用水资源量）/上年可用水资源量、水足迹增长指数绝对值与可用水资源增长指数绝对值的比值来衡量水资源生态盈亏指标、可用水资源增长指数、水资源可持续利用指数，后两者分别测度的是区域水资源可利用量的变动幅度和区域水资源可持续利用能力强度。利用上述三个指标来测度水资源可持续利用情况，进一步实证研究中国城镇化对水资源可持续利用的影响。结果发现样本期内，中国城镇化提高了水资源生态盈亏指标，降低了可用水资源增长指数和水资源可持续利用指数，即中国城镇化导致区域水足迹与水资源承载力之差增加，区域水资源可利用量增长率下降和区域水资源可持续利用能力强度下降，不利于水资源可持续利用。

第二，中国需进一步完善和执行水资源管理法规，完善水资源管理体制，完善水资源价格形成机制以及污水处理收费制度，构建多渠道的水资源循环利用机制，降低水足迹增长幅度；中国需完善城镇化进程中的节水、雨水回用、再生水利用和污水处理设施，提高这些设施的利用效率，且适度提升环境规制水平，增强执行力，保护城镇化进程中的水生态环境，降低水足迹增长幅度。同时中国需积极推动城镇化进程中出口结构优化，提升出口产品质量，减少出口虚拟水量，降低水足迹增长幅度。

第三，中国须发挥统筹协调能力，消除地区封锁和行政壁垒，通过政府引导，推动建立水资源跨区域利用的长效机制，利用空间溢出效应进一步降低水足迹增长幅度，确保中国城镇化进程中水资源可持续利用。

第 11 章　城镇化进程中的水资源利用预测

目前，中国城镇化进程还将继续进一步推进。那么，在城镇化进程下中国水资源利用量及其结构、水资源利用效率、水资源安全与水资源可持续利用情况会发生什么样的变化显然值得研究。学术界仅探讨了城镇化对水资源利用和水足迹的影响，但尚未进行预测分析。本章将首先利用指数平滑、灰色 GM（1，1）模型、PDL 模型、Logistic 模型、回归预测五种单项预测法，以 2000～2019 年中国为样本，建立以单项预测法预测精度为诱导值，以倒数误差平方和最小为准则的 IOWHA 组合预测模型，然后基于该模型对城镇化水平的各单项预测值进行加权进而预测 2025～2050 年中国城镇化水平，然后利用城镇化水平对水资源利用量及结构、水资源利用效率、水资源安全和水资源可持续利用影响时估计得到的众多参数，预测 2025～2050 年中国城镇化进程下的水资源利用量及结构、水资源利用效率、水资源安全和水资源可持续利用情况。

11.1　IOWHA 组合预测模型

与传统组合预测模型不同，IOWHA 组合预测模型在预测时依据每个单项预测方法在各个时点的预测精度的高低赋予不同的权重，这克服了传统组合预测模型中单项预测方法在各个时点权重不变的缺陷，因而预测更为可靠。具体公式如下：

设（a_1，b_1），（a_2，b_2）…（a_m，b_m）为一个二维数组，令：

$$f_a[(a_1, b_1), (a_2, b_2)\cdots(a_m, b_m)] = 1/\sum_{i=1}^{m}(w_i/b_{a-index(i)}) \tag{11-1}$$

其中，函数 f_a 是由 a_1，a_2，…，a_m 产生的 m 维诱导有序加权调和平均算子，即 IOWHA 算子。w_i 是权重，满足$\sum_{i=1}^{m}w_i=1$，$w_i\geqslant 0$，i=1，2，…，m。a-index（i）是 a_1，a_2，…，a_m 中按照从大到小的顺序排序后第 i 个大的数的下标。因此，IOWHA 算子是对诱导值 a_1，a_2，…，a_m 按从大到小的顺序排序后所对应的 b_1，b_2，…，b_m 中的数进行有序加权调和平均，其中 w_i 与 b_i 的大小和其诱导值所在的位置有关。结合前文的研究，选择指数平滑、灰色 GM（1，1）模型、PDL 模型、Logistic 模型、回归预测五种单项预测法在各个时点上对城镇化水平的预测精度作为诱导值，其中城镇化水平预测精度为：

$$a_{it}=\begin{cases}1-\left|\dfrac{\chi_t-\chi_{it}}{\chi_t}\right| & \dfrac{\chi_t-\chi_{it}}{\chi_t}<1\\ 0 & \dfrac{\chi_t-\chi_{it}}{\chi_t}\geqslant 1\end{cases}\quad i=1, 2, \cdots, 5;\ t=1, 2, \cdots, N \tag{11-2}$$

其中，城镇化水平预测精度 a_{it} 表示第 i 种预测城镇化水平方法在第 t 时刻的预测精度，将其看成城镇化水平预测值 χ_{it} 的诱导值。χ_t 表示第 t 时刻城镇化水平的实际值。依据公式（11-1），第 t 时刻的城镇化水平组合预测值为：

$$IOWHA[(a_{1t}, \chi_{1t}), (a_{2t}, \chi_{2t})\cdots(a_{5t}, \chi_{5t})] = 1/\sum_{i=1}^{5}(w_i/\chi_{a-index(it)}) \tag{11-3}$$

于是，样本期间（2000~2019 年）城镇化水平总的 IOWHA 组合预测模型倒数误差平方和 S^2 公式可以得到，基于 S^2 最小准则的预测 2025~2050 年中国城镇化水平的 IOWHA 组合预测模型即为：

$$\min S^2=\sum_{t=1}^{N}(1/\chi_t-1/\hat{\chi}_t)^2=\sum_{t=1}^{N}\left(\sum_{i=1}^{5}w_i(1/\chi_t-1/\chi_{a-index(it)})\right)^2$$

$$s.t.\begin{cases}\sum_{i=1}^{5}w_i=1\\ w_i\geqslant 0\end{cases}\quad i=1, 2, \cdots, 5 \tag{11-4}$$

11.2　2025~2050 年中国城镇化水平与水资源利用预测

11.2.1　2025~2050 年中国城镇化水平预测

运用 Lingo 软件求解上式，得到最优权重系数向量 W_i，依据公式（11-3）计算得出 2025~2050 年中国城镇化水平预测值。结果如表 11-1 所示。

表 11-1　2025~2050 年中国城镇化水平预测值

年份	2025	2026	2027	2028	2029	2030	2031	2032	2033
城镇化水平预测值	6.202	6.376	6.523	6.686	6.813	6.930	7.085	7.212	7.305
年份	2034	2035	2036	2037	2038	2039	2040	2041	2042
城镇化水平预测值	7.346	7.392	7.431	7.482	7.533	7.578	7.619	7.677	7.755
年份	2043	2044	2045	2046	2047	2048	2049	2050	
城镇化水平预测值	7.802	7.857	7.913	7.984	8.036	8.085	8.128	8.159	

由表 11-1 可知，2025~2050 年中国城镇化综合水平不断提高，从 2025 年的 6.202 增加到 2050 年的 8.159，增长了 31.55%。说明中国城镇化质量不断提高，城镇化内涵建设效果明显，新型城镇化成效显著。分时间段来看，2025~2033 年，中国城镇化综合水平增加较快，从 6.202 增加到了 7.305，增长了 17.79%，增幅较为显著，年均增长约 1.84%，每一年城镇化综合水平相对上一年增长几乎均在 1%以上。2034~2045 年，中国城镇化综合水平从 7.346 增长到了 7.913，增长了 7.72%，增幅比较明显，但年均增长不足 1%，仅为 0.62%，每一年城镇化综合水平相对上一年增长几乎均在 0.5%以上，相对上一时间段，中国城镇化综合水平增长显然有所放缓。2046~2050 年，中国城镇化综合水平增速则较低，增长了 2.19%，年均增长只有 0.44%，相对上一时间段，中国城镇化综合水平增长进一步放缓。部分原因可能在于，2034 年后，中国采取提升城镇化质量的以人为本的新型城镇化政策取得了显著成效，此时，中国城镇化综合水平已经较高，基数较大，城镇化发展更多是弥补之前的一些不足，政府更多的是进一步完善城镇

化内涵式发展，中国城镇化由中高速发展向中速发展再向中低速发展过渡转变。

11.2.2　2020~2045 年中国城镇化进程下的水资源利用预测

依据 2020~2045 年中国城镇化水平预测值，结合实证研究城镇化水平对水足迹及其结构、水足迹效益与水足迹增长影响时估计得到的众多参数来预测。

11.2.2.1　水资源利用量及其结构预测

由表 11-2 可以发现，2025~2050 年，中国水足迹呈现先增加后下降的态势。其中 2025~2035 年中国水足迹不断提高，从 2025 年的 6236.52 亿立方米增加到 2035 年的 6840.54 亿立方米，增加了 604.02 亿立方米，增长了 9.69%。2036~2050 年中国水足迹则呈下降态势，由 2036 年的 6795.92 亿立方米下降到 2050 年的 5831.58 亿立方米，下降了 964.34 亿立方米，降幅 14.19%。相对 2025 年，2050 年中国水足迹下降了 404.94 亿立方米，降低了 6.49%，表明中国水足迹有所下降。

表 11-2　2025~2050 年中国水资源利用量　　单位：亿立方米

年份	2025	2026	2027	2028	2029	2030	2031	2032	2033
水足迹	6236.52	6297.88	6361.56	6425.64	6484.25	6548.72	6611.16	6670.83	6727.80
年份	2034	2035	2036	2037	2038	2039	2040	2041	2042
水足迹	6784.61	6840.54	6795.92	6741.28	6687.67	6631.59	6576.74	6522.07	6470.96
年份	2043	2044	2045	2046	2047	2048	2049	2050	
水足迹	6418.36	6327.69	6234.25	6142.17	6065.04	5981.32	5907.43	5831.58	

2025~2050 年中国水资源利用结构如表 11-3 所示。

表 11-3　2025~2050 年中国水资源利用结构　　单位：亿立方米

年份	农业用水水足迹	工业用水水足迹	生活用水水足迹	生态环境补水水足迹	虚拟水水足迹	水污染足迹
2025	4815.04	420.13	229.16	25.89	184.89	561.42
2026	4870.66	432.90	231.83	26.14	190.70	545.65
2027	4933.73	438.49	234.81	26.51	196.97	531.05
2028	4996.86	444.06	237.78	26.84	203.38	516.71

续表

年份	农业用水水足迹	工业用水水足迹	生活用水水足迹	生态环境补水水足迹	虚拟水水足迹	水污染足迹
2029	5055.25	449.26	240.61	27.14	209.79	502.21
2030	5117.77	454.84	243.53	27.50	216.54	488.54
2031	5178.31	460.20	246.48	27.80	223.44	474.94
2032	5236.32	465.38	249.24	28.16	230.34	461.41
2033	5291.95	470.29	251.84	28.42	237.30	448.00
2034	5346.78	475.18	254.49	28.74	244.49	434.92
2035	5400.70	479.95	257.04	29.02	251.77	422.06
2036	5369.86	480.57	258.12	28.90	255.25	403.23
2037	5330.93	474.20	256.22	28.65	253.42	397.86
2038	5297.31	465.02	252.12	28.48	251.81	392.93
2039	5256.93	458.70	250.20	28.26	249.94	387.57
2040	5217.55	452.49	248.29	28.03	248.02	382.36
2041	5180.12	446.49	246.56	27.85	243.78	377.27
2042	5145.44	440.85	244.89	27.64	239.66	372.48
2043	5109.43	435.06	243.17	27.49	235.56	367.64
2044	5027.63	431.79	240.04	27.55	234.04	366.64
2045	4943.10	428.20	237.78	27.35	232.32	365.49
2046	4859.94	424.64	235.45	27.14	230.63	364.36
2047	4789.77	422.03	232.73	27.06	229.46	363.99
2048	4714.74	418.91	229.68	26.82	228.03	363.15
2049	4647.72	416.46	226.94	26.69	226.85	362.78
2050	4581.07	413.26	223.38	26.53	225.44	361.90

由表 11-3 可知，2025~2050 年，中国农业用水水足迹呈现先增加后下降的趋势。其中 2025~2035 年中国农业用水水足迹不断提高，从 2025 年的 4815.04 亿立方米增加到 2035 年的 5400.70 亿立方米，增加了 585.66 亿立方米，增长了 12.16%，年均增长了 1.05%。2036~2050 年中国农业用水水足迹则呈下降趋势，由 2036 年的 5369.86 亿立方米下降到 2050 年的 4581.07 亿立方米，下降了 788.79 亿立方米，降幅 17.22%，年均降幅 1.07%。相对于 2025 年，2050 年中国农业用水水足迹下降了 233.97 亿立方米，降低了 4.86%，中国农业用水水足迹下降不明显。

由表 11-3 可知，2025~2050 年，中国工业用水水足迹呈现先增加后下降的趋势。其中 2025~2036 年中国工业用水水足迹不断提高，从 2025 年的 420.13 亿立方米增加到 2036 年的 480.57 亿立方米，增加了 60.44 亿立方米，增长了 14.39%，年均增长了 1.13%。2037~2050 年中国工业用水水足迹则呈下降的趋势，由 2037 年的 474.20 亿立方米下降到 2050 年的 413.26 亿立方米，降低了 60.94 亿立方米，降幅 12.85%，年均降幅 0.99%。相对于 2025 年，2050 年中国工业用水水足迹下降了 6.87 亿立方米，降低了 1.64%，中国工业用水水足迹下降不明显。

由表 11-3 可知，2025~2050 年，中国生活用水水足迹也呈先增加后下降的趋势。其中 2025~2036 年中国生活用水水足迹不断提高，从 2025 年的 229.16 亿立方米增加到 2036 年的 258.12 亿立方米，增加了 28.96 亿立方米，增长了 12.64%，年均增长了 1.00%。2037~2050 年中国生活用水水足迹则呈下降趋势，由 2037 年的 256.22 亿立方米下降到 2050 年的 223.38 亿立方米，下降了 32.84 亿立方米，降幅 14.70%，年均降幅 0.99%。但相对 2025 年，2050 年中国生活用水水足迹下降了 5.78 亿立方米，降低了 2.52%，中国生活用水水足迹下降不明显。

由表 11-3 可知，2025~2050 年，中国生态环境补水水足迹呈先增加后下降趋势。其中 2025~2035 年中国生态环境补水水足迹不断提高，从 2025 年的 25.89 亿立方米增加到 2035 年的 29.02 亿立方米，增长了 12.09%，年均增长了 1.04%。2036~2050 年中国生态环境补水水足迹则呈下降趋势，由 2036 年的 28.90 亿立方米下降到 2050 年的 26.53 亿立方米，降幅 8.20%，年均降幅 0.57%。但相对 2025 年，2050 年中国生态环境补水水足迹上升了 2.47%，中国生态环境补水水足迹上升不明显。

由表 11-3 可知，2025~2050 年，中国虚拟水水足迹呈先增加后下降的趋势。其中 2025~2036 年中国虚拟水水足迹不断提高，从 2025 年的 184.89 亿立方米增加到 2036 年的 255.25 亿立方米，增长了 38.06%，年均增长了 2.72%。2037~2050 年中国虚拟水水足迹则呈下降的趋势，由 2037 年的 253.42 亿立方米下降到 2050 年的 225.44 亿立方米，降幅 11.04%，年均降幅 0.84%。但相对于 2025 年，2050 年中国虚拟水水足迹还是增加了 21.93%，中国虚拟水水足迹上升比较明显。

由表 11-3 可知，2025~2050 年，中国水污染足迹不断下降。从 2025 年的 561.42 亿立方米下降到 2050 年的 361.90 亿立方米，降幅 35.54%，年均降幅 1.70%，可见，中国水污染足迹下降明显。

11.2.2.2 水资源利用效率预测

2025~2050 年中国水资源利用效率如表 11-4 所示。

表 11-4　2025~2050 年中国水资源利用效率

年份	人均水足迹（立方米）	水足迹强度（立方米/元）	水足迹土地密度（万立方米/平方千米）	水足迹废弃率（吨/立方米）
2025	441. 7487	0. 0229	57. 8177	0. 0407
2026	446. 0950	0. 0210	58. 3866	0. 0405
2027	450. 6056	0. 0201	58. 9770	0. 0400
2028	455. 1446	0. 0191	59. 5710	0. 0393
2029	459. 2961	0. 0182	60. 1144	0. 0389
2030	463. 8626	0. 0172	60. 7121	0. 0386
2031	468. 2854	0. 0163	61. 2910	0. 0384
2032	472. 5120	0. 0153	61. 8442	0. 0382
2033	476. 5473	0. 0143	62. 3723	0. 0382
2034	480. 5713	0. 0141	62. 8990	0. 0379
2035	484. 5330	0. 0134	63. 4175	0. 0376
2036	481. 3725	0. 0124	63. 0038	0. 0371
2037	477. 5022	0. 0115	62. 4973	0. 0370
2038	473. 7048	0. 0105	62. 0003	0. 0368
2039	469. 7325	0. 0102	61. 4804	0. 0365
2040	465. 8474	0. 0096	60. 9719	0. 0363
2041	461. 9750	0. 0085	60. 4650	0. 0361
2042	458. 3547	0. 0076	59. 9912	0. 0359
2043	454. 6289	0. 0072	59. 5035	0. 0357
2044	448. 2065	0. 0067	58. 6630	0. 0350
2045	441. 5879	0. 0058	57. 7967	0. 0343
2046	435. 0657	0. 0054	56. 9430	0. 0332
2047	429. 6023	0. 0048	56. 2280	0. 0318
2048	423. 6722	0. 0046	54. 8288	0. 0307
2049	418. 4384	0. 0042	52. 9207	0. 0304
2050	413. 0658	0. 0038	51. 0263	0. 0293

由表 11-4 可知，2025~2050 年，中国人均水足迹呈先增加后下降趋势。其中 2025~2035 年中国人均水足迹不断提高，从 2025 年的 441. 7487 立方米增加到

2035 年的 484.5330 立方米，增长了 8.97%，年均增长了 0.78%。2036~2050 年中国人均水足迹则呈下降趋势，由 2036 年的 481.3725 立方米下降到 2050 年的 413.0658 立方米，降幅 14.20%，年均降幅 0.89%。相对于 2025 年，2050 年中国人均水足迹下降了 6.50%，表明中国人均水足迹有所下降。

由表 11-4 可知，2025~2050 年，中国水足迹强度呈下降趋势。从 2025 年的 0.0229 立方米/元下降到 2050 年的 0.0038 立方米/元，降幅 83.41%，可见，中国水足迹强度下降非常明显，即中国单位产值消耗的水足迹下降非常明显，中国水资源消耗产生的单位经济效益增加非常显著。

由表 11-4 可知，2025~2050 年，中国水足迹土地密度呈先增加后下降趋势。其中，2025~2035 年中国水足迹土地密度不断提高，从 2025 年的 57.8177 万立方米/平方千米增加到 2035 年的 63.4175 万立方米/平方千米，增长了 9.69%，年均增长了 0.84%。2036~2050 年中国水足迹土地密度则呈下降趋势，由 2036 年的 63.0038 万立方米/平方千米下降到 2050 年的 51.0263 万立方米/平方千米，降幅 19.01%，年均降幅 1.17%。相对于 2025 年，2050 年中国水足迹土地密度下降了 11.74%，说明中国水足迹土地密度和中国单位区域面积的水足迹下降均比较明显，区域空间水资源消耗下降。

由表 11-4 可知，2025~2050 年，中国水足迹废弃率呈下降趋势。从 2025 年的 0.0407 吨/立方米下降到 2050 年的 0.0293 吨/立方米，降幅 28.01%，可见，中国水足迹废弃率下降显著，即中国产生的废水量占水足迹比重下降显著，清洁利用水资源的能力提高明显。

11.2.2.3 水资源安全预测

2025~2050 年中国水资源安全情况如表 11-5 所示。

表 11-5 2025~2050 年中国水资源安全

年份	水资源承载力（亿立方米）	水资源进口依赖度	水资源自给率	水资源匮乏指数	水资源压力指数
2025	12191.5633	0.0480	0.9520	0.5397	0.5761
2026	12084.0927	0.0489	0.9511	0.5445	0.5809
2027	11990.7242	0.0497	0.9503	0.5496	0.5859
2028	11907.2788	0.0505	0.9495	0.5546	0.5910
2029	11835.5015	0.0514	0.9486	0.5592	0.5955

续表

年份	水资源承载力（亿立方米）	水资源进口依赖度	水资源自给率	水资源匮乏指数	水资源压力指数
2030	11783.5620	0.0523	0.9477	0.5642	0.6006
2031	11725.6917	0.0531	0.9469	0.5691	0.6055
2032	11671.8510	0.0540	0.9460	0.5737	0.6101
2033	11600.8242	0.0549	0.9451	0.5780	0.6144
2034	11524.0498	0.0558	0.9442	0.5824	0.6187
2035	11446.5255	0.0568	0.9432	0.5865	0.6229
2036	11212.7104	0.0572	0.9428	0.5825	0.6188
2037	11337.5859	0.0575	0.9425	0.5776	0.6140
2038	11464.0775	0.0578	0.9422	0.5728	0.6092
2039	11587.3419	0.0579	0.9421	0.5680	0.6043
2040	11710.0134	0.0581	0.9419	0.5631	0.5995
2041	11839.3931	0.0584	0.9416	0.5583	0.5947
2042	11976.5740	0.0585	0.9415	0.5539	0.5902
2043	12112.1631	0.0589	0.9411	0.5491	0.5855
2044	12297.9412	0.0590	0.9410	0.5413	0.5777
2045	12484.3301	0.0592	0.9408	0.5332	0.5696
2046	12664.8884	0.0596	0.9404	0.5251	0.5615
2047	12876.3920	0.0597	0.9403	0.5185	0.5548
2048	13077.8813	0.0599	0.9401	0.5112	0.5475
2049	13430.6588	0.0601	0.9399	0.5048	0.5411
2050	14110.1914	0.0603	0.9397	0.4982	0.5345

由表 11-5 可知，2025～2050 年，中国水资源承载力呈先下降后增加趋势。其中，2025～2036 年中国水资源承载力不断下降，从 2025 年的 12191.5633 亿立方米下降到 2036 年的 11212.7104 亿立方米，下降了 8.03%。2037～2050 年中国水资源承载力则呈上升趋势，由 2037 年的 11337.5859 亿立方米增加到 2050 年的 14110.1914 亿立方米，增幅 24.45%。相对于 2025 年，2050 年中国水资源承载力提高了 15.74%，中国水资源承载力提高比较明显，中国水资源可持续支持

该区域人口、社会和经济发展的能力提高比较明显。

由表 11-5 可知，2025~2050 年，中国水资源进口依赖度不断提高，从 2025 年的 0.0480 增加到 2050 年的 0.0603，增幅 25.63%，可见，中国水资源进口依赖度增幅明显。与之相对应的是 2025~2050 年中国水资源自给率不断下降，从 2025 年的 0.9520 下降到 2050 年的 0.9397，降幅 1.29%。中国水资源自给率下降不明显。

由表 11-5 可知，2025~2050 年，中国水资源匮乏指数呈先增加后下降趋势。其中，2025~2035 年中国水资源匮乏指数不断增加，从 2025 年的 0.5397 增加到 2035 年的 0.5865，增长了 8.67%。2036~2050 年中国水资源匮乏指数则呈下降趋势，由 2036 年的 0.5825 下降到 2050 年 0.4982，降幅 14.47%。相对于 2025 年，2050 年中国水资源匮乏指数下降了 7.69%，中国水资源匮乏指数有所下降。说明中国水足迹与可用水资源量的比值有所下降。

由表 11-5 可知，2025~2050 年，中国水资源压力指数呈先增加后下降趋势。其中，2025~2035 年中国水资源压力指数不断增加，从 2025 年的 0.5761 增加到 2035 年的 0.6229，增长了 8.12%。2036~2050 年中国水资源压力指数则呈下降趋势，由 2036 年的 0.6188 下降到 2050 年的 0.5345，降幅 13.62%。相对于 2025 年，2050 年中国水资源压力指数下降了 7.22%，中国水资源压力指数有所下降，说明中国内部水足迹与出口虚拟水量之和与可用水资源量的比值有所下降。

11.2.2.4 水资源可持续情况预测

2025~2050 年中国水资源可持续情况如表 11-6 所示。

表 11-6 2025~2050 年中国水资源可持续情况

年份	水足迹增长率（%）	水资源生态盈亏（亿立方米）	可用水资源增长指数	水资源可持续利用指数
2025	—	-5955.0433	—	—
2026	0.9839	-5786.2127	-0.0074	1.3232
2027	1.0111	-5629.1642	-0.0067	1.5135
2028	1.0073	-5481.6388	-0.0055	1.8213
2029	0.9121	-5351.2515	-0.0037	2.4450
2030	0.9943	-5234.8420	-0.0028	3.5757
2031	0.9535	-5114.5317	-0.0025	3.8437

续表

年份	水足迹增长率（%）	水资源生态盈亏（亿立方米）	可用水资源增长指数	水资源可持续利用指数
2032	0.9026	-5001.0210	-0.0018	4.9304
2033	0.8540	-4873.0242	-0.0026	3.3030
2034	0.8444	-4739.4398	-0.0029	2.9365
2035	0.8244	-4605.9855	-0.0027	3.0696
2036	-0.6523	-4416.7904	-0.0017	3.7583
2037	-0.8040	-4596.3059	0.0086	0.9344
2038	-0.7952	-4776.4075	0.0089	0.8931
2039	-0.8386	-4955.7519	0.0090	0.9318
2040	-0.8271	-5133.2734	0.0088	0.9389
2041	-0.8313	-5317.3231	0.0091	0.9140
2042	-0.7836	-5505.6140	0.0093	0.8436
2043	-0.8129	-5693.8031	0.0092	0.8850
2044	-1.4127	-5970.2512	0.0087	1.6211
2045	-1.4767	-6250.0801	0.0094	1.5744
2046	-1.4770	-6522.7184	0.0090	1.6412
2047	-1.2557	-6811.3520	0.0092	1.3665
2048	-1.3804	-7096.5613	0.0097	1.4283
2049	-1.2353	-7523.2288	0.0192	0.6446
2050	-1.2840	-8278.6114	0.0286	0.4495

由表 11-6 可知，2025～2050 年，中国水足迹增长率呈波动趋势。2025～2035 年，中国水足迹增长率均为正数；相反，2036～2050 年中国水足迹增长率均为负数，由 2036 年的-0.6523%下降到 2050 年的-1.2840%。2042～2046 年中国水足迹增长率呈一直下降趋势。相对于 2025 年，2050 年中国水足迹增长率由正数向负数转变，说明中国水资源可持续利用情况有所改善。

由表 11-6 可知，2025～2050 年，中国水资源生态盈亏指标呈先增加后下降趋势。2025～2036 年中国水资源生态盈亏指标不断提高，从 2025 年的-5955.0433 亿立方米增加到 2036 年的-4416.7904 亿立方米。2037～2050 年中国水资源生态盈亏指标则整体趋于下降，由2037年的-4596.3059亿立方米下降到2050年的-8278.6114亿立方米。相对于2025年，2050年中国水资源生态盈亏指标下降，即中国水足迹与水资源承载力之差下降，水资源承载力与水足迹之差提高，说明中国水资源可持续利用情况有所改善。

由表11-6可知，2025~2036年中国可用水资源增长指数（可用水资源增长指数=（本年可用水资源量-上年可用水资源量）/上年可用水资源量）为负数，说明2025~2036年可用水资源量小于上年可用水资源量，2037~2050年中国可用水资源增长指数则为正数，由2037年的0.0086增加到2050年的0.0286，说明2037~2050年可用水资源量大于上年可用水资源量。相对于2025年，2050年中国可用水资源增长指数整体趋于提高，说明中国水资源可持续利用情况有所改善。

由表11-6可知，2025~2032年中国水资源可持续利用指数提高，说明水足迹增长指数绝对值与可用水资源增长指数绝对值的比值提高，中国水资源可持续利用情况亟待改善；2033~2050年中国水资源可持续利用指数在波动中整体趋于下降。整体而言，相对于2025年，2050年中国水资源可持续利用指数下降，即中国水足迹增长指数绝对值与可用水资源增长指数绝对值的比值下降，说明中国水资源可持续利用能力强度提高，水资源可持续利用情况有所改善。

11.3 2025~2050年东部地区城镇化水平与水资源利用预测

本部分以2000~2019年东部地区为样本区间，基于IOWHA组合预测模型对城镇化水平的各单项预测值进行加权预测出2025~2050年东部地区城镇化水平，然后结合上述实证研究城镇化水平对水资源利用影响时估计得到的众多参数，来预测2025~2050年城镇化进程下的基于水足迹视角的东部地区水资源利用量及结构、水资源利用效率、水资源安全和水资源可持续利用情况。

11.3.1 2025~2050年东部地区城镇化水平预测

运用Lingo软件求解IOWHA组合预测模型，得到最优权重系数向量 w_i，依据公式（11-3）计算得出2025~2050年东部地区城镇化水平预测值。结果如表11-7所示。

表 11-7　2025~2050 年东部地区城镇化水平预测值

年份	2025	2026	2027	2028	2029	2030	2031	2032	2033
城镇化水平预测值	7.862	8.094	8.217	8.267	8.314	8.587	8.703	8.819	8.929
年份	2034	2035	2036	2037	2038	2039	2040	2041	2042
城镇化水平预测值	9.030	9.098	9.151	9.229	9.280	9.359	9.415	9.478	9.541
年份	2043	2044	2045	2046	2047	2048	2049	2050	
城镇化水平预测值	9.590	9.644	9.686	9.731	9.785	9.823	9.864	9.902	

由表 11-7 可知，2025~2050 年东部地区城镇化水平不断提高，从 2025 年的 7.862 增加到 2050 年的 9.902，增长了 25.95%。说明东部地区城镇化质量不断提高，城镇化内涵建设效果明显，新型城镇化成效显著。分时间段来看，2025~2033 年，东部地区城镇化水平增加较快，从 7.862 增加到了 8.929，增长 13.57%，增幅较为显著，年均增长约 1.42%，每一年城镇化水平相对上一年增长几乎均在 1%以上。2034~2042 年，东部地区城镇化水平从 9.030 增长到 9.541，增长了 5.66%，增幅比较明显，但年均增长不足 1%，仅为 0.61%，每一年城镇化水平相对上一年增长均在 0.5%以上，相对上一时间段，东部地区城镇化水平增长显然有所放缓。2043~2050 年，东部地区城镇化水平增速则较低，只有 3.25%，年均增长仅为 0.41%，每一年城镇化水平相对上一年增长介于 0.38%~0.57%，相对上一时间段，东部地区城镇化水平增长进一步放缓。部分原因可能在于 2025~2033 年东部地区扎实推进新型城镇化战略，认真执行国家新型城镇化规划，在符合条件农业转移人口落户城镇推进、农业转移人口享有城镇基本公共服务推进、农业转移人口市民化推进机制建立健全、优化提升城市群，建立城市群协调发展机制，促进各类城市协调发展、综合交通运输网络强化、城市产业就业支撑、城市空间结构和管理格局优化、城市基本公共服务水平提升、城市规划建设水平提高、绿色智慧人文等新型城市建设、城市社会治理创新、城乡发展一体化体制机制完善、农业现代化进程、乡村振兴、人口土地管理制度改革、城镇化资金保障机制创新、城镇住房制度健全、生态环境保护制度强化等方面取得了显著成绩。2034 年后，由于东部地区城镇化综合水平较高，基数较大，此时城镇化发展更多的是针对存在的不足之处进行逐步完善。因此，2025~2050 年东部地区城镇化由中高速发展向中速发展再向中低速发展转变。

11.3.2　2025~2050 年东部地区城镇化进程下的水资源利用预测

基于 2025~2050 年东部地区城镇化水平预测值，运用城镇化水平对水资源利用各指标影响的回归系数，基于水足迹视角来预测2025~2050年东部地区水资源利用量及结构、水资源利用效率、水资源安全和水资源可持续利用情况。

11.3.2.1 水资源利用量及结构预测

2025~2050年东部地区水资源利用量如表11-8所示。

表11-8 2025~2050年东部地区水资源利用量 单位：亿立方米

年份	2025	2026	2027	2028	2029	2030	2031	2032	2033
水足迹	2647.1083	2699.6448	2753.4058	2782.4475	2813.3546	2842.9560	2874.4583	2902.5617	2930.9095
年份	2034	2035	2036	2037	2038	2039	2040	2041	2042
水足迹	2951.3054	2975.6349	2903.2170	2879.8748	2856.9726	2833.0152	2809.5833	2786.2283	2764.3941
年份	2043	2044	2045	2046	2047	2048	2049	2050	
水足迹	2741.9234	2703.1892	2663.2716	2623.9350	2590.9851	2555.2199	2523.6541	2506.9962	

由表11-8可知，2025~2050年，东部地区水足迹呈先增加后下降趋势。其中2025~2035年东部地区水足迹不断提高，从2025年的2647.1083亿立方米增加到2035年的2975.6349亿立方米，增长了12.41%，年均增长了1.07%。2036~2050年东部地区水足迹则呈下降趋势，由2036年的2903.2170亿立方米下降到2050年的2506.9962亿立方米，降幅13.65%，年均降幅0.86%。相对于2025年，2050年东部地区水足迹降低了5.29%，东部地区水足迹有所下降。

2025~2050年东部地区水资源利用结构如表11-9所示。

表11-9 2025~2050年东部地区水资源利用结构 单位：亿立方米

年份	农业用水水足迹	工业用水水足迹	生活用水水足迹	生态环境补水水足迹	虚拟水水足迹	水污染足迹
2025	2043.7571	178.3253	97.2676	10.9891	78.4771	238.2963
2026	2087.8537	185.5666	99.3761	11.2052	81.7453	233.8979
2027	2135.4134	189.7869	101.6303	11.4740	85.2524	229.8487
2028	2163.7535	192.2880	102.9641	11.6223	88.0681	223.7471
2029	2193.3470	194.9227	104.3947	11.7754	91.0227	217.8964
2030	2221.7464	197.4569	105.7222	11.9384	94.0052	212.0869
2031	2251.4712	200.0898	107.1667	12.0871	97.1492	206.4986

续表

年份	农业用水水足迹	工业用水水足迹	生活用水水足迹	生态环境补水水足迹	虚拟水水足迹	水污染足迹
2032	2278. 3884	202. 4927	108. 4474	12. 2528	100. 2238	200. 7653
2033	2305. 3935	204. 8779	109. 7120	12. 3809	103. 3777	195. 1674
2034	2325. 8493	206. 7033	110. 7032	12. 5019	106. 3532	189. 1902
2035	2349. 3045	208. 7783	111. 8124	12. 6237	109. 5200	183. 5961
2036	2294. 0042	205. 2995	110. 2689	12. 3461	109. 0428	172. 2599
2037	2277. 3733	202. 5782	109. 4572	12. 2393	108. 2610	169. 9658
2038	2263. 0108	198. 6565	107. 7057	12. 1667	107. 5732	167. 8597
2039	2245. 7605	195. 9566	106. 8854	12. 0727	106. 7744	165. 5699
2040	2228. 9374	193. 3037	106. 0695	11. 9744	105. 9541	163. 3442
2041	2212. 9473	190. 7405	105. 3304	11. 8975	104. 1428	161. 1697
2042	2198. 1320	188. 3311	104. 6170	11. 8078	102. 3828	159. 1235
2043	2182. 7485	185. 8576	103. 8822	11. 7437	100. 6312	157. 0558
2044	2147. 8035	184. 4607	102. 5451	11. 7694	99. 9819	156. 6286
2045	2111. 6923	182. 9270	101. 5796	11. 6839	99. 2471	156. 1373
2046	2076. 1664	181. 4062	100. 5842	11. 5942	98. 5251	155. 6546
2047	2046. 1897	180. 2912	99. 4223	11. 5600	98. 0253	155. 4965
2048	2014. 1369	178. 9584	98. 1193	11. 4575	97. 4144	155. 1377
2049	1985. 5060	177. 9117	96. 9488	11. 4272	97. 3898	154. 9796
2050	1971. 9131	177. 6605	96. 0311	11. 4052	96. 9167	153. 0738

由表 11-9 可知，2025~2050 年，东部地区农业用水水足迹呈先增加后下降趋势。其中 2025~2035 年东部地区农业用水水足迹不断提高，从 2025 年的 2043. 7571 亿立方米增加到 2035 年的 2349. 3045 亿立方米，增长了 14. 95%，年均增长了 1. 27%。2036~2050 年东部地区农业用水水足迹则呈下降趋势，由 2036 年的 2294. 0042 亿立方米下降到 2050 年的 1971. 9131 亿立方米，降幅 14. 04%，年均降幅 0. 88%。相对于 2025 年，2050 年东部地区农业用水水足迹降低了 3. 52%，说明东部地区农业用水水足迹下降不明显。

由表 11-9 可知，2025~2050 年，东部地区工业用水水足迹呈先增加后下降趋势。其中 2025~2035 年东部地区工业用水水足迹不断提高，从 2025 年的 178.3253 亿立方米增加到 2035 年的 208.7783 亿立方米，增长了 18.92%，年均增长了 1.58%。2036~2050 年东部地区工业用水水足迹则呈下降趋势，由 2036 年的 205.2995 亿立方米下降到 2050 年的 177.6605 亿立方米，降幅 8.46%，年均降幅 1.28%。相对于 2025 年，2050 年东部地区工业用水水足迹降低了 3.73%，表明东部地区工业用水水足迹下降不明显。

由表 11-9 可知，2025~2050 年，东部地区生活用水水足迹呈先增加后下降趋势。其中 2025~2035 年东部地区生活用水水足迹不断提高，从 2025 年的 97.2676 亿立方米增加到 2035 年的 111.8124 亿立方米，增长了 14.95%，年均增长 1.27%。2036~2050 年东部地区生活用水水足迹则呈下降趋势，由 2036 年的 110.2689 亿立方米下降到 2050 年的 96.0311 亿立方米，降幅 12.91%，年均降幅 0.81%。但相对于 2025 年，2050 年东部地区生活用水水足迹下降了 1.27%，说明东部地区生活用水水足迹下降不明显。

由表 11-9 可知，2025~2050 年，东部地区生态环境补水水足迹呈先增加后下降趋势。其中 2025~2035 年东部地区生态环境补水水足迹不断提高，从 2025 年的 10.9891 亿立方米增加到 2035 年的 12.6237 亿立方米，增长了 14.87%，年均增长了 1.27%。2036~2050 年东部地区生态环境补水水足迹则呈下降趋势，由 2036 年的 12.3461 亿立方米下降到 2050 年的 11.4052 亿立方米，降幅 7.62%，年均降幅 0.49%。相对于 2025 年，2050 年东部地区生态环境补水水足迹增加了 3.79%，说明东部地区生态环境补水水足迹增加不明显。

由表 11-9 可知，2025~2050 年，东部地区虚拟水水足迹呈先增加后下降趋势。其中 2025~2035 年东部地区虚拟水水足迹不断提高，从 2025 年的 78.4771 亿立方米增加到 2035 年的 109.5200 亿立方米，增长了 39.56%，年均增长了 3.08%。2036~2050 年东部地区虚拟水水足迹则呈下降趋势，由 2036 年的 109.0428 亿立方米下降到 2050 年的 96.9167 亿立方米，降幅 11.12%，年均降幅 0.71%。但相对于 2025 年，2050 年东部地区虚拟水水足迹还是增加了 23.50%，说明东部地区虚拟水水足迹上升比较明显。

由表 11-9 可知，2025~2050 年，东部地区水污染足迹下降。从 2025 年的 238.2963 亿立方米下降到 2050 年的 153.0738 亿立方米，降幅 35.76%，可见，东部地区水污染足迹下降明显。

11.3.2.2　水资源利用效率预测

2025~2050 年东部地区水资源利用效率如表 11-10 所示。

表 11-10　2025~2050 年东部地区水资源利用效率

年份	人均水足迹（立方米）	水足迹强度（立方米/元）	水足迹土地密度（万立方米/平方千米）	水足迹废弃率（吨/立方米）
2025	399.7262	0.0209	56.3723	0.0366
2026	407.6597	0.0192	56.9269	0.0363
2027	415.7779	0.0183	57.5026	0.0360
2028	420.1633	0.0174	58.0817	0.0354
2029	424.8304	0.0166	58.6115	0.0351
2030	429.3002	0.0157	59.1943	0.0347
2031	434.0574	0.0148	59.7587	0.0345
2032	438.3011	0.0140	60.2981	0.0343
2033	442.5818	0.0131	60.8130	0.0341
2034	445.6617	0.0126	61.3265	0.0338
2035	449.3356	0.0122	61.8321	0.0335
2036	438.4001	0.0113	61.4287	0.0330
2037	434.8753	0.0105	60.9349	0.0324
2038	431.4170	0.0096	60.4503	0.0319
2039	427.7993	0.0094	59.9434	0.0314
2040	424.2610	0.0087	59.4476	0.0306
2041	420.7342	0.0078	58.9532	0.0298
2042	417.4371	0.0073	58.4914	0.0289
2043	414.0443	0.0070	58.0159	0.0279
2044	408.1949	0.0061	57.1965	0.0268
2045	402.1672	0.0052	56.3518	0.0269
2046	396.2271	0.0047	55.5194	0.0257
2047	391.2515	0.0044	54.8223	0.0246
2048	385.8508	0.0041	53.4581	0.0237
2049	381.0842	0.0037	51.5977	0.0233
2050	378.5686	0.0032	49.7506	0.0226

由表 11-10 可知，2025~2050 年，东部地区人均水足迹呈先增加后下降趋势。其中 2025~2035 年东部地区人均水足迹不断提高，从 2025 年的 399.7262 立方米增加到 2035 年的 449.3356 立方米，增长了 12.41%，年均增长了 1.07%。2036~2050 年东部地区人均水足迹则呈下降趋势，由 2036 年的 438.4001 立方米下降到 2050 年的 378.5686 立方米，降幅 13.65%，年均降幅 0.86%。相对于 2025 年，2050 年东部地区人均水足迹下降了 5.29%，表明东部地区人均水足迹有所下降。

由表 11-10 可知，2025~2050 年，东部地区水足迹强度下降。从 2025 年的 0.0209 立方米/元下降到 2050 年的 0.0032 立方米/元，降幅 84.69%，可见，东部地区水足迹强度下降非常明显，即东部地区单位 GDP 消耗的水足迹下降非常明显，表明东部地区水资源消耗产生的单位经济效益增加非常显著。

由表 11-10 可知，2025~2050 年，东部地区水足迹土地密度呈先增加后下降趋势。其中 2025~2035 年东部地区水足迹土地密度不断提高，从 2025 年的 56.3723 万立方米/平方千米增加到 2035 年的 61.8321 万立方米/平方千米，增长了 9.69%，年均增长了 0.84%。2036~2050 年东部地区水足迹土地密度则呈下降趋势，由 2036 年的 61.4287 万立方米/平方千米下降到 2050 年的 49.7506 万立方米/平方千米，降幅 19.01%，年均降幅 1.17%。相对于 2025 年，2050 年东部地区水足迹土地密度下降了 11.75%，东部地区水足迹土地密度下降比较明显。说明东部地区单位区域面积的水足迹下降比较明显，区域空间水资源消耗下降。

由表 11-10 可知，2025~2050 年，东部地区水足迹废弃率下降。从 2025 年的 0.0366 吨/立方米下降到 2050 年的 0.0226 吨/立方米，降幅 38.25%，可见，东部地区水足迹废弃率下降显著，即东部地区产生的废水量占水足迹比重下降显著，清洁利用水资源的能力提高明显。

11.3.2.3 水资源安全预测

2025~2050 年东部地区水资源安全情况如表 11-11 所示。

表 11-11 2025~2050 年东部地区水资源安全

年份	水资源承载力（亿立方米）	水资源进口依赖度	水资源自给率	水资源匮乏指数	水资源压力指数
2025	5646.7843	0.0816	0.9184	0.6150	0.6515
2026	5601.6100	0.0831	0.9169	0.6205	0.6570
2027	5562.0825	0.0845	0.9155	0.6264	0.6628
2028	5528.2018	0.0859	0.9142	0.6322	0.6686

续表

年份	水资源承载力（亿立方米）	水资源进口依赖度	水资源自给率	水资源匮乏指数	水资源压力指数
2029	5505. 6147	0. 0874	0. 9126	0. 6378	0. 6739
2030	5488. 6743	0. 0889	0. 9111	0. 6434	0. 6797
2031	5471. 7340	0. 0903	0. 9097	0. 6491	0. 6853
2032	5460. 4404	0. 0918	0. 9082	0. 6543	0. 6902
2033	5444. 0591	0. 0933	0. 9067	0. 6594	0. 6956
2034	5426. 5597	0. 0949	0. 9051	0. 6645	0. 7005
2035	5410. 2799	0. 0966	0. 9034	0. 6692	0. 7053
2036	5399. 4594	0. 0972	0. 9028	0. 6646	0. 7006
2037	5449. 3504	0. 0978	0. 9023	0. 6589	0. 6951
2038	5499. 6480	0. 0983	0. 9017	0. 6533	0. 6896
2039	5550. 7948	0. 0984	0. 9016	0. 6478	0. 6839
2040	5601. 3069	0. 0988	0. 9012	0. 6421	0. 6784
2041	5653. 9593	0. 0993	0. 9007	0. 6365	0. 6729
2042	5707. 6718	0. 0995	0. 9006	0. 6314	0. 6677
2043	5762. 4655	0. 1001	0. 8999	0. 6259	0. 6623
2044	5814. 3277	0. 1003	0. 8997	0. 6168	0. 6534
2045	5870. 7266	0. 1006	0. 8994	0. 6074	0. 6440
2046	5925. 3244	0. 1009	0. 8991	0. 5980	0. 6347
2047	5981. 6150	0. 1011	0. 8989	0. 5906	0. 6270
2048	6041. 4311	0. 1013	0. 8987	0. 5819	0. 6186
2049	6162. 2597	0. 1016	0. 8984	0. 5745	0. 6113
2050	6349. 1276	0. 1019	0. 8981	0. 5668	0. 6037

由表 11-11 可知，2025～2050 年，东部地区水资源承载力呈先下降后增加趋势。其中 2025～2036 年东部地区水资源承载力不断下降，从 2025 年的 5646. 7843 亿立方米下降到 2036 年的 5399. 4594 亿立方米，下降了 4. 38%。2037～2050 年东部地区水资源承载力则呈上升趋势，由 2037 年的 5449. 3504 亿立方米增加到 2050 年的 6349. 1276 亿立方米，增幅 16. 51%。相对于 2025 年，2050 年东部地区水资源承载力提高了 12. 44%，东部地区水资源承载力提高较为明显，东部地区水资源可持续支持该区域人口、社会和经济发展的能力提高较为明显。

由表 11-11 可知，2025~2050 年，东部地区水资源进口依赖度不断上升，从 2025 年的 0.0816 增加到 2050 年的 0.1019，增幅 24.88%，可见，东部地区水资源进口依赖度增幅比较明显。与之相对应的是 2025~2050 年，东部地区水资源自给率不断下降，从 2025 年的 0.9184 下降到 2050 年的 0.8981，降幅 2.21%，下降不明显。

由表 11-11 可知，2025~2050 年，东部地区水资源匮乏指数呈先增加后下降趋势。其中 2025~2035 年东部地区水资源匮乏指数不断增加，从 2025 年的 0.6150 增加到 2035 年的 0.6692，增长了 8.83%。2036~2050 年东部地区水资源匮乏指数则呈下降趋势，由 2036 年的 0.6646 下降到 2050 年的 0.5668，降幅 14.71%。相对于 2025 年，2050 年东部地区水资源匮乏指数下降了 7.83%，东部地区水资源匮乏指数有所下降。说明东部地区水足迹与可用水资源量的比值有所下降。

由表 11-11 可知，2025~2050 年，东部地区水资源压力指数呈先增加后下降趋势。其中 2025~2035 年东部地区水资源压力指数不断增加，从 2025 年的 0.6515 增加到 2035 年的 0.7053，增长了 8.26%。2036~2050 年东部地区水资源压力指数则呈下降趋势，由 2036 年的 0.7006 下降到 2050 年的 0.6037，降幅 13.84%。相对于 2025 年，2050 年东部地区水资源压力指数下降了 7.34%，东部地区水资源压力指数有所下降。说明东部地区内部水足迹与出口虚拟水量之和与可用水资源量的比值有所下降。

11.3.2.4 水资源可持续利用情况预测

2025~2050 年东部地区水资源可持续利用情况如表 11-12 所示。

表 11-12 2025~2050 年东部地区水资源可持续利用情况

年份	水足迹增长率（%）	水资源生态盈亏（亿立方米）	可用水资源增长指数	水资源可持续利用指数
2025	—	-2999.6760	—	—
2026	1.9847	-2901.9652	-0.0089	2.2350
2027	1.9914	-2808.6767	-0.0080	2.4769
2028	1.0548	-2745.7543	-0.0066	1.5981
2029	1.1108	-2692.2601	-0.0044	2.5018
2030	1.0522	-2645.7183	-0.0034	3.1315
2031	1.1081	-2597.2757	-0.0030	3.6936
2032	0.9777	-2557.8787	-0.0022	4.5264

续表

年份	水足迹增长率（%）	水资源生态盈亏（亿立方米）	可用水资源增长指数	水资源可持续利用指数
2033	0.9766	-2513.1496	-0.0031	3.1303
2034	0.6959	-2475.2544	-0.0035	1.9997
2035	0.8244	-2434.6450	-0.0032	2.5443
2036	-2.4337	-2496.2424	-0.0031	7.9793
2037	-0.8040	-2569.4756	0.0103	0.7791
2038	-0.7952	-2642.6754	0.0107	0.7446
2039	-0.8386	-2717.7796	0.0108	0.7764
2040	-0.8271	-2791.7236	0.0106	0.7832
2041	-0.8313	-2867.7310	0.0109	0.7612
2042	-0.7836	-2943.2777	0.0112	0.7022
2043	-0.8129	-3020.5421	0.0110	0.7363
2044	-1.4127	-3111.1385	0.0104	1.3531
2045	-1.4767	-3207.4550	0.0113	1.3091
2046	-1.4770	-3301.3894	0.0108	1.3676
2047	-1.2557	-3390.6299	0.0110	1.1375
2048	-1.3804	-3486.2112	0.0116	1.1859
2049	-1.2353	-3638.6056	0.0230	0.5362
2050	-0.6601	-3842.1314	0.0343	0.1923

由表11-12可知，2025~2035年东部地区水足迹增长率波动中呈现下降趋势，但该地区水足迹增长率为正，说明这段时间东部地区水足迹一直在增长，但增长速度整体呈现下降趋势。2036~2050年东部地区水足迹增长率均为负，其中2037~2043年水足迹增长率均在-0.8%左右，2044~2050年水足迹增长率波动中整体趋于上升。相对于2025年，2050年东部地区水足迹增长率由正向负转变，东部地区水资源可持续利用情况有所改善。

由表11-12可知，2025~2050年，东部地区水资源生态盈亏指标呈先增加后下降的趋势。其中2025~2035年东部地区水资源生态盈亏指标不断提高，从2025年的-2999.6760亿立方米增加到2035年的-2434.6450亿立方米，增长了18.84%。2036~2050年东部地区水资源生态盈亏指标则整体趋于下降，由2036年的-2496.2424亿立方米下降到2050年的-3842.1314亿立方米，降幅53.92%。相对于2025年，2050年东部地区水资源生态盈亏指标下降，降幅28.08%，即东部地区水足迹与水资源承载力之差下降，水资源承载力与水足迹之差提高，说明东部地区水资源可持续利用情况改善明显。

由表11-12可知，2025~2036年东部地区可用水资源增长指数为负值，说明这段时间本年可用水资源量小于上年可用水资源量，且发现这段时间可用水资源增长指数整体呈上升趋势，说明东部地区本年可用水资源量整体接近上年可用水资源量。2037~2050年东部地区可用水资源增长指数则为正值，由2037年的0.0103波动中增加到2050年的0.0343，说明这段时间本年可用水资源量大于上年可用水资源量，且这段时间可用水资源增长指数整体呈上升趋势，表明相对于东部地区上年可用水资源量，这段时间本年可用水资源量整体增加。相对于2025年，2050年东部地区可用水资源增长指数整体趋于提高，即东部地区的（本年可用水资源量-上年可用水资源量）/上年可用水资源量提高，说明东部地区水资源可持续利用情况有所改善。

由表11-12可知，2025~2033年东部地区水资源可持续利用指数在波动中整体趋于上升，说明水足迹增长指数绝对值与可用水资源增长指数绝对值的比值提高，东部地区这段时间水资源可持续利用情况亟待改善；2034~2036年东部地区水资源可持续利用指数上升，表明东部地区这段时间水资源可持续利用情况也亟待改善；2037~2043年东部地区水资源可持续利用指数均位于0.7~0.8，波动不大，2044~2050年东部地区水资源可持续利用指数则整体趋于下降。整体而言，相对于2025年，2050年东部地区水资源可持续利用指数下降，即东部地区水足迹增长指数绝对值与可用水资源增长指数绝对值的比值下降，说明东部地区区域水资源可持续利用能力强度提高，水资源可持续利用情况有所改善。

11.4 2025~2050年中部地区城镇化水平与水资源利用预测

本部分主要是预测2025~2050年城镇化水平及城镇化进程下的基于水足迹视角的中部地区水资源利用量及结构、水资源利用效率、水资源安全和水资源可持续利用情况。

11.4.1 2025～2050 年中部地区城镇化水平预测

运用 Lingo 软件求解 IOWHA 组合预测模型，得到最优权重系数向量 w_i，依据公式（11-3）计算得出 2025～2050 年中部地区城镇化水平预测值。结果如表 11-13 所示。

表 11-13 2025～2050 年中部地区城镇化水平预测值

年份	2025	2026	2027	2028	2029	2030	2031	2032	2033
城镇化水平预测值	4.914	5.123	5.234	5.248	5.364	5.576	5.688	5.802	5.913
年份	2034	2035	2036	2037	2038	2039	2040	2041	2042
城镇化水平预测值	6.020	6.127	6.232	6.239	6.345	6.430	6.472	6.520	6.568
年份	2043	2044	2045	2046	2047	2048	2049	2050	
城镇化水平预测值	6.607	6.648	6.683	6.729	6.775	6.816	6.853	6.906	

由表 11-13 可知，2025～2050 年中部地区城镇化水平不断提高，从 2025 年的 4.914 增加到 2050 年的 6.906，增长了 40.53%。说明中部地区城镇化质量不断提高，城镇化内涵建设效果明显，新型城镇化成效显著。分时间段来看，2025～2033 年，中部地区城镇化水平增加较快，从 4.914 增加到了 5.913，增长了 20.33%，增幅较为显著，年均增长约 2.16%，每一年城镇化水平相对上一年增长几乎均在 2%以上。2034～2047 年，中部地区城镇化水平从 6.020 增加到 6.775，增长了 12.53%，增幅比较明显，但年均增长不足 1%，仅为 0.87%，每一年城镇化水平相对上一年增长几乎均在 0.8%以上，相对上一时间段，中部地区城镇化水平增长显然有所放缓。2048～2050 年，中部地区城镇化水平增速则较低，只有 1.32%，每一年城镇化水平相对上一年增长均在 0.5%以上，相对上一时间段，中部地区城镇化水平增长进一步放缓。部分原因可能在于 2025～2033 年中部地区加强组织协调，强化政策统筹，通过有序推进农业转移人口市民化、优化城镇化布局和形态、提高城市可持续发展能力、推动城乡发展一体化、改革完善城镇化发展体制机制等，积极落实以人为本的新型城镇化战略取得了显著成绩；2034 年后，中部地区所采取的这些提高城镇化质量措施的效果逐渐减弱，且遵循城镇化发展的内在规律，中部地区城镇化水平已经较高，此时城镇化发展更多的是弥补不足，逐步完善。因此，2025～2050 年中部地区城镇化由高速发展向中高速发展再向中速发展转变。

11.4.2　2025~2050年中部地区城镇化进程下的水资源利用预测

依据2025~2050年中部地区城镇化水平预测值，利用实证检验城镇化水平对水资源利用影响得到的估计系数，基于水足迹视角来预测2025~2050年中部地区水资源利用量及结构、水资源利用效率、水资源安全和水资源可持续利用情况。

11.4.2.1　水资源利用量及结构预测

由表11-14可知，2025~2050年，中部地区水足迹呈先增加后下降趋势。其中2025~2036年中部地区水足迹不断提高，从2025年的1587.73亿立方米增加到2036年的1798.79亿立方米，增长了13.29%，年均增长了1.11%。2037~2050年中部地区水足迹则呈下降趋势，由2037年的1780.97亿立方米下降到2050年的1441.86亿立方米，降幅19.04%，年均降幅1.59%。相对于2025年，2050年中部地区水足迹降低了9.19%，表明中部地区水足迹有所下降。

表11-14　2025~2050年中部地区水资源利用量　　单位：亿立方米

年份	2025	2026	2027	2028	2029	2030	2031	2032	2033
水足迹	1587.73	1604.67	1621.99	1639.75	1657.96	1676.63	1695.72	1715.38	1735.41
年份	2034	2035	2036	2037	2038	2039	2040	2041	2042
水足迹	1756.05	1777.18	1798.79	1780.97	1763.45	1746.15	1729.16	1711.98	1695.07
年份	2043	2044	2045	2046	2047	2048	2049	2050	
水足迹	1678.42	1644.39	1611.41	1579.52	1548.64	1518.76	1489.83	1441.86	

2020~2050年中部地区水资源利用结构如表11-15所示。

表11-15　2025~2050年中部地区水资源利用结构　　单位：亿立方米

年份	农业用水水足迹	工业用水水足迹	生活用水水足迹	生态环境补水水足迹	虚拟水水足迹	水污染足迹
2025	1225.84	106.96	58.34	6.59	47.07	142.93
2026	1241.02	110.30	59.07	6.66	48.59	139.03
2027	1257.94	111.80	59.87	6.76	50.22	135.40
2028	1275.15	113.32	60.68	6.85	51.90	131.86
2029	1292.57	114.87	61.52	6.94	53.64	128.41

续表

年份	农业用水水足迹	工业用水水足迹	生活用水水足迹	生态环境补水水足迹	虚拟水水足迹	水污染足迹
2030	1310. 28	116. 45	62. 35	7. 04	55. 44	125. 08
2031	1328. 21	118. 04	63. 22	7. 13	57. 31	121. 82
2032	1346. 50	119. 67	64. 09	7. 24	59. 23	118. 65
2033	1365. 03	121. 31	64. 96	7. 33	61. 21	115. 56
2034	1383. 90	122. 99	65. 87	7. 44	63. 28	112. 57
2035	1403. 10	124. 69	66. 78	7. 54	65. 41	109. 65
2036	1421. 33	127. 20	68. 32	7. 65	67. 56	106. 73
2037	1408. 38	125. 28	67. 69	7. 57	66. 95	105. 11
2038	1396. 83	122. 62	66. 48	7. 51	66. 40	103. 61
2039	1384. 19	120. 78	65. 88	7. 44	65. 81	102. 05
2040	1371. 80	118. 97	65. 28	7. 37	65. 21	100. 53
2041	1359. 74	117. 20	64. 72	7. 31	63. 99	99. 03
2042	1347. 85	115. 48	64. 15	7. 24	62. 78	97. 57
2043	1336. 14	113. 77	63. 59	7. 19	61. 60	96. 14
2044	1305. 50	112. 21	63. 42	7. 16	60. 82	95. 28
2045	1275. 86	110. 68	63. 27	7. 07	60. 05	94. 47
2046	1247. 21	109. 20	63. 12	6. 98	59. 31	93. 70
2047	1219. 44	107. 76	63. 00	6. 91	58. 59	92. 94
2048	1192. 59	106. 37	62. 89	6. 81	57. 90	92. 21
2049	1166. 58	105. 03	62. 78	6. 73	57. 21	91. 49
2050	1124. 76	102. 92	62. 40	6. 56	55. 74	89. 48

由表 11-15 可知，2025~2050 年，中部地区农业用水水足迹呈先增加后下降趋势。其中 2025 ~ 2036 年中部地区农业用水水足迹不断提高，从 2025 年的 1225. 84 亿立方米增加到 2036 年的 1421. 33 亿立方米，增长了 15. 95%，年均增长了 1. 33%。2037~2050 年中部地区农业用水水足迹则不断下降，由 2037 年的 1408. 38 亿立方米下降到 2050 年的 1124. 76 亿立方米，降幅 20. 14%，年均降幅 1. 44%。相对于 2025 年，2050 年中部地区农业用水水足迹降低了 8. 25%，表明中部地区农业用水水足迹有所下降。

由表 11-15 可知，2025~2050 年，中部地区工业用水水足迹呈先增加后下降趋势。其中2025～2036年中部地区工业用水水足迹不断提高，从2025年的106.96亿立方米增加到2036年的127.20亿立方米，增长了18.92%，年均增长了1.58%。2037～2050年中部地区工业用水水足迹则呈下降趋势，由2037年的125.28亿立方米下降到2050年的102.92亿立方米，降幅17.85%，年均降幅1.28%。相对于2025年，2050年中部地区工业用水水足迹降低了3.78%，表明中部地区工业用水水足迹降幅不明显。

由表11-15可知，2025～2050年，中部地区生活用水水足迹呈先增加后下降趋势。其中2025～2036年中部地区生活用水水足迹不断提高，从2025年的58.34亿立方米增加到2036年的68.32亿立方米，增长了17.10%，年均增长了1.43%。2037～2050年中部地区生活用水水足迹则呈下降趋势，由2037年的67.69亿立方米下降到2050年的62.40亿立方米，降幅7.82%，年均降幅0.56%。但相对于2025年，2050年中部地区生活用水水足迹还是增加了6.95%，表明中部地区生活用水水足迹有所上升。

由表11-15可知，2025～2050年，中部地区生态环境补水水足迹呈先增加后下降趋势。其中2025～2036年中部地区生态环境补水水足迹不断提高，从2025年的6.59亿立方米增加到2036年的7.65亿立方米，增长了16.12%，年均增长了1.34%。2037～2050年中部地区生态环境补水水足迹则呈下降趋势，由2037年的7.57亿立方米下降到2050年的6.56亿立方米，降幅13.38%，年均降幅0.96%。相对于2025年，2050年中部地区生态环境补水水足迹降低了0.48%，表明中部地区生态环境补水水足迹降低不明显。

由表11-15可知，2025～2050年，中部地区虚拟水水足迹呈先增加后下降趋势。其中2025～2036年中部地区虚拟水水足迹不断提高，从2025年的47.07亿立方米增加到2036年的67.56亿立方米，增长了43.55%，年均增长了3.63%。2037～2050年中部地区虚拟水水足迹则呈下降趋势，由2037年的66.95亿立方米下降到2050年的55.74亿立方米，降幅16.74%，年均降幅1.20%。但相对于2025年，2050年中部地区虚拟水水足迹还是增加了18.43%，表明中部地区虚拟水水足迹上升比较明显。

由表11-15可知，2025～2050年，中部地区水污染足迹下降。从2025年的142.93亿立方米下降到2050年的89.48亿立方米，降幅37.39%，可见，中部地区水污染足迹下降明显。

11.4.2.2 水资源利用效率预测

2025～2050年中部地区水资源利用效率如表11-16所示。

表 11-16　2025~2050 年中部地区水资源利用效率

年份	人均水足迹（立方米）	水足迹强度（立方米/元）	水足迹土地密度（万立方米/平方千米）	水足迹废弃率（吨/立方米）
2025	464.249	0.024	59.539	0.044
2026	471.962	0.022	60.558	0.044
2027	479.879	0.021	61.598	0.043
2028	488.024	0.020	62.657	0.043
2029	496.392	0.019	63.746	0.043
2030	505.012	0.018	64.865	0.042
2031	513.858	0.017	66.013	0.042
2032	522.982	0.016	67.191	0.042
2033	532.331	0.015	68.389	0.041
2034	541.991	0.015	69.627	0.041
2035	551.916	0.014	70.894	0.040
2036	562.122	0.013	72.191	0.040
2037	560.057	0.012	71.122	0.041
2038	549.054	0.011	70.072	0.041
2039	538.099	0.011	69.033	0.040
2040	529.218	0.010	68.013	0.038
2041	517.255	0.009	66.983	0.037
2042	503.347	0.008	65.974	0.036
2043	491.503	0.008	64.974	0.034
2044	480.918	0.007	62.934	0.034
2045	469.576	0.006	60.964	0.033
2046	457.507	0.006	59.044	0.033
2047	449.678	0.005	57.202	0.032
2048	436.092	0.005	55.410	0.032
2049	426.741	0.005	53.678	0.032
2050	417.788	0.004	51.995	0.031

由表 11-16 可知，2025~2050 年，中部地区人均水足迹呈先增加后下降趋势。其中 2025~2036 年中部地区人均水足迹不断提高，从 2025 年的 464.249 立方米增加到 2036 年的 562.122 立方米，增长了 21.10%，年均增长了 1.76%。

2037~2050 年中部地区人均水足迹则不断下降，由 2037 年的 560.057 立方米下降到 2050 年的 417.788 立方米，降幅 25.40%，年均降幅 1.81%。相对于 2025 年，2050 年中部地区人均水足迹下降了 11.12%，表明中部地区人均水足迹下降比较明显。

由表 11-16 可知，2025~2050 年，中部地区水足迹强度下降。从 2025 年的 0.024 立方米/元下降到 2050 年的 0.004 立方米/元，降幅 83.33%，可见，中部地区水足迹强度下降非常明显，即中部地区单位 GDP 消耗的水足迹下降非常明显，中部地区水资源消耗产生的单位经济效益增加非常显著。

由表 11-16 可知，2025~2050 年，中部地区水足迹土地密度先增加后下降。其中 2025~2036 年中部地区水足迹土地密度不断提高，从 2025 年的 59.539 万立方米/平方千米增加到 2036 年的 72.191 万立方米/平方千米，增长了 21.3%，年均增长了 1.77%。2037~2050 年中部地区水足迹土地密度则呈下降趋势，由 2037 年的 71.122 万立方米/平方千米下降到 2050 年的 51.995 万立方米/平方千米，降幅 26.89%，年均降幅 1.92%。相对于 2025 年，2050 年中部地区水足迹土地密度下降了 14.51%，中部地区水足迹土地密度下降比较明显。说明中部地区单位区域面积的水足迹下降比较明显，区域空间水资源消耗下降。

由表 11-16 可知，2025~2050 年，中部地区水足迹废弃率下降。从 2025 年的 0.044 吨/立方米下降到 2050 年的 0.031 吨/立方米，降幅 29.55%，可见，中部地区水足迹废弃率下降显著，即中部地区产生的废水量占水足迹比重下降显著，清洁利用水资源的能力提高明显。

11.4.2.3 水资源安全预测

2025~2050 年中部地区水资源安全情况如表 11-17 所示。

表 11-17 2025~2050 年中部地区水资源安全

年份	水资源承载力（亿立方米）	水资源进口依赖度	水资源自给率	水资源匮乏指数	水资源压力指数
2025	3103.8000	0.0296	0.9704	0.5115	0.3369
2026	3078.9696	0.0303	0.9697	0.5212	0.3448
2027	3057.2430	0.0310	0.9690	0.5305	0.3521
2028	3038.6202	0.0316	0.9684	0.5396	0.3593
2029	3026.2050	0.0324	0.9676	0.5479	0.3659
2030	3016.8936	0.0331	0.9669	0.5558	0.3724
2031	3007.5822	0.0338	0.9662	0.5638	0.3791

续表

年份	水资源承载力（亿立方米）	水资源进口依赖度	水资源自给率	水资源匮乏指数	水资源压力指数
2032	3001.3746	0.0345	0.9655	0.5715	0.3856
2033	2992.3705	0.0353	0.9647	0.5799	0.3926
2034	2982.7518	0.0360	0.9640	0.5887	0.3999
2035	2973.8035	0.0368	0.9632	0.5976	0.4073
2036	2967.8559	0.0376	0.9624	0.6061	0.4148
2037	2995.2789	0.0376	0.9624	0.5946	0.4052
2038	3022.9254	0.0377	0.9623	0.5834	0.3955
2039	3051.0386	0.0377	0.9623	0.5723	0.3864
2040	3078.8030	0.0377	0.9623	0.5616	0.3775
2041	3107.7438	0.0374	0.9626	0.5509	0.3689
2042	3137.2673	0.0370	0.9630	0.5403	0.3605
2043	3167.3851	0.0367	0.9633	0.5299	0.3523
2044	3195.8916	0.0370	0.9630	0.5145	0.3385
2045	3226.8917	0.0373	0.9627	0.4994	0.3250
2046	3256.9018	0.0376	0.9624	0.4850	0.3122
2047	3287.8424	0.0378	0.9622	0.4710	0.2999
2048	3320.7208	0.0381	0.9619	0.4574	0.2879
2049	3387.1352	0.0384	0.9616	0.4398	0.2737
2050	3488.7493	0.0387	0.9613	0.4133	0.2580

由表 11-17 可知，2025~2050 年，中部地区水资源承载力呈先下降后增加趋势。其中 2025~2036 年中部地区水资源承载力不断下降，从 2025 年的 3103.8000 亿立方米下降到 2036 年的 2967.8559 亿立方米，下降了 4.38%。2037~2050 年中部地区水资源承载力则呈上升趋势，由 2037 年的 2995.2789 亿立方米增加到 2050 年的 3488.7493 亿立方米，增幅 16.48%。相对于 2025 年，2050 年中部地区水资源承载力提高了 12.40%，中部地区水资源承载力提高较为明显，中部地区水资源可持续支持该区域人口、社会和经济发展的能力提高较为明显。

由表 11-17 可知，2025~2036 年，中部地区水资源进口依赖度不断提高，但 2037~2043 年中部地区水资源进口依赖度有所波动，2044~2050 年中部地区水资源进口依赖度又不断上升，整体而言，2025~2050 年中部地区水资源进口依赖度趋于提高，从 2025 年的 0. 0296 增加到 2050 年的 0. 0387，增幅 30. 74%，可见，中部地区水资源进口依赖度增幅明显。与之相对应的是 2025～2036 年，中部地区水资源自给率不断下降，但 2037～2043 年中部地区水资源自给率有所波动，2044～2050 年中部地区水资源自给率又不断下降，整体而言，2025～2050 年中部地区水资源自给率趋于下降，从 2025 年的 0. 9704 下降到 2050 年的 0. 9613，降幅 0. 94%。

由表 11-17 可知，2025～2050 年，中部地区水资源匮乏指数呈先增加后下降趋势。其中 2025～2036 年中部地区水资源匮乏指数不断增加，从 2025 年的 0. 5115 增加到 2036 年的 0. 6061，增长了 18. 50%。2037～2050 年中部地区水资源匮乏指数则呈下降趋势，由 2037 年的 0. 5946 下降到 2050 年的 0. 4133，降幅 30. 49%。相对于 2025 年，2050 年中部地区水资源匮乏指数下降了 23. 77%，中部地区水资源匮乏指数下降比较明显。这说明中部地区水足迹与可用水资源量的比值下降比较明显。

由表 11-17 可知，2025～2050 年，中部地区水资源压力指数呈先增加后下降趋势。其中 2025～2036 年中部地区水资源压力指数不断增加，从 2025 年的 0. 3369 增加到 2036 年的 0. 4148，增长了 20. 27%。2037～2050 年中部地区水资源压力指数则呈下降趋势，由 2037 年的 0. 4052 下降到 2050 年的 0. 2580，降幅 36. 33%。相对于 2025 年，2050 年中部地区水资源压力指数下降了 23. 42%，中部地区水资源压力指数下降比较明显。说明中部地区内部水足迹与出口虚拟水量之和与可用水资源量的比值下降比较明显。

11. 4. 2. 4　水资源可持续利用情况预测

2025～2050 年中部地区水资源可持续利用情况如表 11-18 所示。

表 11-18　2025～2050 年中部地区水资源可持续利用情况

年份	水足迹增长率（%）	水资源生态盈亏（亿立方米）	可用水资源增长指数	水资源可持续利用指数
2025	—	-1516. 07	—	—
2026	1. 067	-1474. 30	-0. 0080	1. 3337
2027	1. 079	-1435. 25	-0. 0071	1. 5202
2028	1. 096	-1398. 86	-0. 0061	1. 7960
2029	1. 109	-1368. 26	-0. 0041	2. 7056
2030	1. 127	-1340. 25	-0. 0031	3. 6364
2031	1. 139	-1311. 85	-0. 0031	3. 6729

续表

年份	水足迹增长率（%）	水资源生态盈亏（亿立方米）	可用水资源增长指数	水资源可持续利用指数
2032	1. 159	-1285. 99	-0. 0021	5. 5181
2033	1. 167	-1256. 97	-0. 0030	3. 8903
2034	1. 190	-1226. 70	-0. 0032	3. 7185
2035	1. 203	-1196. 63	-0. 0030	4. 0090
2036	1. 217	-1169. 07	-0. 0020	6. 0827
2037	-0. 990	-1214. 30	0. 0092	1. 0762
2038	-0. 984	-1259. 48	0. 0092	1. 0699
2039	-0. 981	-1304. 89	0. 0093	1. 0549
2040	-0. 973	-1349. 64	0. 0091	1. 0692
2041	-0. 993	-1395. 75	0. 0094	1. 0563
2042	-0. 988	-1442. 20	0. 0095	1. 0403
2043	-0. 982	-1488. 96	0. 0096	1. 0226
2044	-2. 028	-1551. 50	0. 0090	2. 2534
2045	-2. 006	-1615. 49	0. 0097	2. 0683
2046	-1. 978	-1677. 38	0. 0093	2. 1273
2047	-1. 955	-1739. 20	0. 0095	2. 0579
2048	-1. 929	-1801. 95	0. 0100	1. 9288
2049	-1. 906	-1897. 32	0. 0200	0. 9531
2050	-3. 219	-2046. 89	0. 0300	1. 0731

由表 11-18 可知，2025~2050 年，中部地区水足迹增长率呈先增加后下降趋势。其中 2025~2036 年中部地区水足迹增长率不断提高，从 2026 年的 1. 067%增加到 2036 年的 1. 217%。2037~2050 年中部地区水足迹增长率则整体趋于下降趋势，水足迹增长率为负值，由 2037 年的-0. 990%下降到 2050 年的-3. 219%。相对于 2025 年，2050 年中部地区水足迹增长率由正向负转变，中部地区水资源可持续利用情况有所改善。

由表 11-18 可知，2025~2050 年，中部地区水资源生态盈亏指标呈先增加后下降趋势。其中 2025~2036 年中部地区水资源生态盈亏指标不断提高，从 2025 年的-1516. 07 亿立方米增加到 2036 年的-1169. 07 亿立方米。2037~2050 年中部地区水资源生态盈亏指标则整体趋于下降，由 2037 年的-1214. 30 亿立方米下降到2050年的-2046.89亿立方米。相对于2025年，2050年中部地区水资源生态盈亏指标下降，即中部地区区域水足迹与水资源承载力之差下降，水资源承载力与区域水足迹之差提高，说明中部地区水资源可持续利用情况有所改善。

由表11-18可知，2025~2036年中部地区可用水资源增长指数为负值，说明本年可用水资源量小于上年可用水资源量，2037~2050年中部地区可用水资源增长指数则为正值，由2037年的0.0092增加到2050年的0.0300，说明本年可用水资源量大于上年可用水资源量。相对于2025年，2050年中部地区可用水资源增长指数整体趋于提高，即中部地区的（本年可用水资源量-上年可用水资源量）/上年可用水资源量提高，说明中部地区水资源可持续利用情况有所改善。

由表11-18可知，2025~2036年中部地区水资源可持续利用指数提高，说明水足迹增长指数绝对值与可用水资源增长指数绝对值的比值提高，中部地区水资源可持续利用情况亟待改善；2037~2039年中部地区水资源可持续利用指数下降，2040~2043年水资源可持续利用指数下降，2044~2050年中部地区水资源可持续利用指数又整体趋于下降。整体而言，相对于2025年，2050年中部地区水资源可持续利用指数下降，即中部地区水足迹增长指数绝对值与可用水资源增长指数绝对值的比值下降，说明中部地区区域水资源可持续利用能力强度提高，水资源可持续利用情况有所改善。

11.5 2025~2050年西部地区城镇化水平与水资源利用预测

本部分主要是预测2025~2050年城镇化水平及城镇化进程下的基于水足迹视角的西部地区水资源利用量及结构、水资源利用效率、水资源安全和水资源可持续利用情况。

11.5.1 2025~2050年西部地区城镇化水平预测

运用Lingo软件求解IOWHA组合预测模型，得到最优权重系数向量 w_i，依据公式（11-3）计算得出2025~2050年西部地区城镇化水平预测值。结果如表11-19所示。

表 11-19　2025~2050 年西部地区城镇化水平预测值

年份	2025	2026	2027	2028	2029	2030	2031	2032	2033
城镇化水平预测值	4. 4581	4. 5808	4. 7395	4. 8834	5. 0290	5. 1715	5. 3263	5. 4547	5. 5511
年份	2034	2035	2036	2037	2038	2039	2040	2041	2042
城镇化水平预测值	5. 6543	5. 7429	5. 8308	5. 9175	6. 0054	6. 0910	6. 1508	6. 2017	6. 2502
年份	2043	2044	2045	2046	2047	2048	2049	2050	
城镇化水平预测值	6. 2932	6. 3298	6. 3731	6. 4045	6. 4416	6. 4797	6. 5036	6. 5334	

由表 11-19 可知，2025~2050 年西部地区城镇化水平不断提高，从 2025 年的 4. 4581 增加到 2050 年的 6. 5334，增长了 46. 55%。说明西部地区城镇化质量不断提高，城镇化内涵建设效果明显，新型城镇化成效显著。分时间段来看，2025~2033 年，西部地区城镇化水平增加较快，从 4. 4581 增加到了 5. 5511，增长了 24. 52%，增幅较为显著，年均增长约 2. 47%，每一年城镇化水平相对上一年增长几乎均在 2. 40%以上。2034~2045 年，西部地区城镇化水平从 5. 6543 增加到了 6. 3731，增长了 12. 71%，增幅比较明显，年均增长约 1. 00%，相对上一时间段，西部地区城镇化水平增长显然有所放缓。2046~2050 年，西部地区城镇化水平增速则较低，只有 2. 01%，年均增长约 0. 40%，每一年城镇化水平相对上一年增长在 0. 35%~0. 60%，相对上一时间段，西部地区城镇化水平增长进一步放缓。部分原因可能在于 2025~2033 年西部地区各级政府完善农业转移人口市民化和城乡发展一体化政策，优化城镇化布局和形态，改革完善城镇化发展体制机制，通过部门间协调配合和扎实推进以人为本的新型城镇化战略，该地区城镇化质量得到了显著提高；2034 年后，西部地区所采取这些措施的效果下降，鉴于城镇化发展的内在规律和西部地区城镇化水平已经较高，此时该地区城镇化质量提速明显降低。因此，2025~2050 年西部地区城镇化由高速发展向中高速发展再向中低速发展转变。

11. 5. 2　2025~2050 年西部地区城镇化进程下的水资源利用预测

依据 2025~2050 年西部地区城镇化水平预测值，利用实证检验城镇化水平对水资源利用影响得到的估计系数，基于水足迹视角来预测 2025~2050 年西部地区水资源利用量及结构、水资源利用效率、水资源安全和水资源可持续利用情况。

11.5.2.1 水资源利用量及结构预测

首先，从表11-20可以发现，2025~2050年，西部地区水足迹呈先增加后下降趋势。其中2025~2036年西部地区水足迹整体趋于提高，从2025年的2001.6817亿立方米增加到2036年的2093.9130亿立方米，增长了4.61%，年均增长了0.38%。2037~2050年西部地区水足迹则呈下降趋势，由2037年的2080.4252亿立方米下降到2050年的1882.7238亿立方米，降幅9.50%，年均降幅0.65%。相对于2025年，2050年西部地区水足迹下降了5.94%，表明西部地区水足迹有所下降。

表11-20 2025~2050年西部地区水资源利用量 单位：亿立方米

年份	2025	2026	2027	2028	2029	2030	2031	2032	2033
水足迹	2001.6817	1993.5652	1986.1642	2003.4325	2012.9454	2029.1240	2040.9717	2052.8883	2061.4905
年份	2034	2035	2036	2037	2038	2039	2040	2041	2042
水足迹	2077.2547	2087.7351	2093.9130	2080.4252	2067.2474	2052.4248	2037.9967	2023.8517	2011.4959
年份	2043	2044	2045	2046	2047	2048	2049	2050	
水足迹	1998.0066	1980.1108	1959.5784	1938.7150	1925.4149	1907.3301	1893.9559	1882.7238	

2025~2050年西部地区水资源利用结构如表11-21所示。

表11-21 2025~2050年西部地区水资源利用结构 单位：亿立方米

年份	农业用水水足迹	工业用水水足迹	生活用水水足迹	生态环境补水水足迹	虚拟水水足迹	水污染足迹
2025	1545.4429	134.8447	73.5524	8.3109	59.3429	180.1937
2026	1541.7863	137.0334	73.3839	8.2748	60.3647	172.7221
2027	1540.3766	136.9031	73.3097	8.2760	61.4976	165.8013
2028	1557.9565	138.4520	74.1359	8.3677	63.4119	161.1029
2029	1569.3330	139.4673	74.6953	8.4246	65.1273	155.9036
2030	1585.7436	140.9331	75.4578	8.5216	67.0948	151.3731
2031	1598.6288	142.0702	76.0933	8.5829	68.9808	146.6214
2032	1611.4316	143.2173	76.7026	8.6672	70.8862	141.9947

续表

年份	农业用水水足迹	工业用水水足迹	生活用水水足迹	生态环境补水水足迹	虚拟水水足迹	水污染足迹
2033	1621.5265	144.1021	77.1680	8.7091	72.7123	137.2726
2034	1637.0307	145.4867	77.9168	8.7981	74.8568	133.1598
2035	1648.2955	146.4817	78.4476	8.8563	76.8400	128.8139
2036	1654.5258	148.0705	79.5311	8.9039	78.6472	124.2401
2037	1645.1767	146.3418	79.0728	8.8407	78.2090	122.7842
2038	1637.4692	143.7435	77.9343	8.8033	77.8368	121.4603
2039	1626.9795	141.9634	77.4346	8.7473	77.3556	119.9501
2040	1616.8126	140.2163	76.9405	8.6856	76.8559	118.4858
2041	1607.4327	138.5495	76.5096	8.6425	75.6472	117.0703
2042	1598.4580	137.0389	76.1230	8.5922	74.4972	116.7865
2043	1588.5415	135.4324	75.6978	8.5563	73.3288	116.4442
2044	1573.3265	135.1193	74.0749	8.6206	73.2381	115.7314
2045	1554.5077	134.5930	73.2004	8.5961	73.0229	115.6527
2046	1536.5636	134.0338	71.1458	8.5658	72.7949	115.6054
2047	1524.1403	133.9788	70.3077	8.5900	72.8447	115.5535
2048	1508.4131	133.5816	68.6707	8.5525	72.7156	115.4023
2049	1496.6340	133.5183	67.2112	8.5328	72.2502	115.3104
2050	1487.3969	132.6795	66.9489	8.5648	72.7833	114.3462

由表11-21可知，2025~2050年，西部地区农业用水水足迹呈先增加后下降趋势。其中2025~2036年西部地区农业用水水足迹整体趋于提高，从2025年的1545.4429亿立方米增加到2036年的1654.5258亿立方米，增长了7.06%，年均增长了0.57%。2037~2050年西部地区农业用水水足迹则呈下降趋势，由2037年的1645.1767亿立方米下降到2050年的1487.3969亿立方米，降幅9.59%，年均降幅0.66%。相对于2025年，2050年西部地区农业用水水足迹降低了3.76%，表明西部地区农业用水水足迹下降不明显。

由表11-21可知，2025~2050年，西部地区工业用水水足迹呈先增加后下降趋势。其中2025~2036年西部地区工业用水水足迹整体趋于提高，从2025年的134.8447亿立方米增加到2036年的148.0705亿立方米，增长了9.81%，年均增长了0.78%。2037~2050年西部地区工业用水水足迹则呈下降趋势，由2037年的146.3418亿立方米下降到2050年的132.6795亿立方米，降幅9.34%，年均降幅0.64%。相对于2025年，2050年西部地区工业用水水足迹降低了1.61%，表明西部地区工业用水水足迹降幅不明显。

由表11-21可知，2025~2050年，西部地区生活用水水足迹呈先增加后下降趋势。其中2025~2036年西部地区生活用水水足迹整体趋于提高，从2025年的73.5524亿立方米增加到2036年的79.5311亿立方米，增长8.13%，年均增长0.65%。2037~2050年西部地区生活用水水足迹则呈下降趋势，由2037年的79.0728亿立方米下降到2050年的66.9489亿立方米，降幅15.33%，年均降幅1.02%。但相对于2025年，2050年西部地区生活用水水足迹下降了8.98%，表明西部地区生活用水水足迹有所下降。

由表11-21可知，2025~2050年，西部地区生态环境补水水足迹呈先增加后下降趋势。其中2025~2036年西部地区生态环境补水水足迹整体趋于提高，从2025年的8.3109亿立方米增加到2036年的8.9039亿立方米，增长了7.14%，年均增长0.58%。2037~2050年西部地区生态环境补水水足迹则整体趋于下降，由2037年的8.8407亿立方米下降到2050年的8.5648亿立方米，降幅3.12%，年均降幅0.22%。但相对于2025年，2050年西部地区生态环境补水水足迹仍然增加了3.02%，表明西部地区生态环境补水水足迹上升不明显。

由表11-21可知，2025~2050年，西部地区虚拟水水足迹呈先增加后下降趋势。其中2025~2036年西部地区虚拟水水足迹不断提高，从2025年的59.3429亿立方米增加到2036年的78.6472亿立方米，增长了32.53%，年均增长了2.37%。2037~2050年西部地区虚拟水水足迹则整体趋于下降，由2037年的78.2090亿立方米下降到2050年的72.7833亿立方米，降幅6.94%，年均降幅0.48%。但相对于2025年，2050年西部地区虚拟水水足迹还是增加了22.65%，表明西部地区虚拟水水足迹上升比较明显。

由表11-21可知，2025~2050年，西部地区水污染足迹下降。从2025年的180.1937亿立方米下降到2050年的114.3462亿立方米，降幅36.54%，可见，西部地区水污染足迹下降明显。

11.5.2.2　水资源利用效率预测

2025~2050年西部地区水资源利用效率如表11-22所示。

表 11-22　2025~2050 年西部地区水资源利用效率

年份	人均水足迹（立方米）	水足迹强度（立方米/元）	水足迹土地密度（万立方米/平方千米）	水足迹废弃率（吨/立方米）
2025	522. 6323	0. 0245	58. 5229	0. 0435
2026	520. 5131	0. 0225	58. 8822	0. 0433
2027	518. 5807	0. 0216	59. 2638	0. 0428
2028	523. 0894	0. 0205	59. 6414	0. 0417
2029	525. 5732	0. 0195	59. 9267	0. 0410
2030	529. 7974	0. 0184	60. 2799	0. 0411
2031	532. 8908	0. 0176	60. 5900	0. 0408
2032	536. 0022	0. 0164	60. 8457	0. 0405
2033	538. 2482	0. 0153	61. 0532	0. 0412
2034	542. 3641	0. 0153	61. 2385	0. 0408
2035	545. 1005	0. 0144	61. 3968	0. 0408
2036	546. 7136	0. 0133	60. 1166	0. 0401
2037	543. 1920	0. 0123	59. 8776	0. 0400
2038	539. 7513	0. 0112	59. 6436	0. 0400
2039	535. 8811	0. 0107	59. 3692	0. 0403
2040	532. 1140	0. 0104	59. 1027	0. 0416
2041	528. 4208	0. 0090	58. 8438	0. 0425
2042	525. 1947	0. 0077	58. 6246	0. 0434
2043	521. 6727	0. 0070	58. 3798	0. 0450
2044	517. 0002	0. 0072	58. 1162	0. 0444
2045	511. 6393	0. 0064	57. 7784	0. 0430
2046	506. 1919	0. 0059	57. 4347	0. 0414
2047	502. 7193	0. 0051	57. 2638	0. 0395
2048	497. 9974	0. 0049	56. 0231	0. 0376
2049	494. 5055	0. 0044	53. 9753	0. 0373
2050	491. 5728	0. 0043	51. 9240	0. 0357

由表 11-22 可知，2025~2050 年，西部地区人均水足迹呈先增加后下降趋势。其中 2025~2036 年西部地区人均水足迹整体趋于提高，从 2025 年的 522. 6323 立方米增加到 2036 年的 546. 7136 立方米，增长了 4. 61%，年均增长了

0.38%。2037~2050 年西部地区人均水足迹则呈下降趋势，由 2037 年的 543.1920 立方米下降到 2050 年的 491.5728 立方米，降幅 9.50%，年均降幅 0.65%。相对于 2025 年，2050 年西部地区人均水足迹下降了 5.94%，表明西部地区人均水足迹有所下降。

由表 11-22 可知，2025~2050 年，西部地区水足迹强度下降。从 2025 年的 0.0245 立方米/元下降到 2050 年的 0.0043 立方米/元，降幅 82.26%，可见，西部地区水足迹强度下降非常明显，即西部地区单位 GDP 消耗的水足迹下降非常明显，表明西部地区水资源消耗产生的单位经济效益增加非常显著。

由表 11-22 可知，2025~2050 年，西部地区水足迹土地密度呈先增加后下降趋势。其中 2025~2035 年西部地区水足迹土地密度不断提高，从 2025 年的 58.5229 万立方米/平方千米增加到 2035 年的 61.3968 万立方米/平方千米，增长了 4.91%，年均增长了 0.44%。2036~2050 年西部地区水足迹土地密度则呈下降趋势，由 2036 年的 60.1166 万立方米/平方千米下降到 2050 年的 51.9240 万立方米/平方千米，降幅 13.63%，年均降幅 0.86%。相对于 2025 年，2050 年西部地区水足迹土地密度下降了 11.28%，表明西部地区水足迹土地密度下降比较明显。说明西部地区单位区域面积的水足迹下降比较明显，区域空间水资源消耗下降。

由表 11-22 可知，2025~2050 年，西部地区水足迹废弃率整体趋于下降。从 2025 年的 0.0435 吨/立方米下降到 2050 年的 0.0357 吨/立方米，降幅为 17.90%，其中 2025~2039 年和 2043~2050 年两个时间段下降趋势较为明显。可见，西部地区水足迹废弃率下降比较显著，即西部地区产生的废水量占水足迹比重下降比较显著，清洁利用水资源的能力提高比较明显。

11.5.2.3 水资源安全预测

2025~2050 年西部地区水资源安全情况如表 11-23 所示。

表 11-23 2025~2050 年西部地区水资源安全

年份	水资源承载力（亿立方米）	水资源进口依赖度	水资源自给率	水资源匮乏指数	水资源压力指数
2025	3440.9790	0.0328	0.9672	0.4926	0.6040
2026	3403.5131	0.0333	0.9667	0.4958	0.6165
2027	3371.3987	0.0336	0.9664	0.4989	0.6295
2028	3340.4568	0.0340	0.9660	0.5020	0.6328
2029	3303.6818	0.0344	0.9656	0.5069	0.6354

续表

年份	水资源承载力（亿立方米）	水资源进口依赖度	水资源自给率	水资源匮乏指数	水资源压力指数
2030	3277. 9941	0. 0349	0. 9651	0. 5094	0. 6390
2031	3246. 3755	0. 0352	0. 9648	0. 5153	0. 6423
2032	3210. 0360	0. 0357	0. 9643	0. 5197	0. 6456
2033	3164. 3946	0. 0361	0. 9639	0. 5245	0. 6573
2034	3114. 7383	0. 0365	0. 9635	0. 5292	0. 6595
2035	3062. 4421	0. 0370	0. 9630	0. 5347	0. 6614
2036	2845. 3951	0. 0368	0. 9632	0. 5268	0. 6622
2037	2892. 9566	0. 0371	0. 9629	0. 5213	0. 6605
2038	2941. 5041	0. 0374	0. 9626	0. 5177	0. 6590
2039	2985. 5085	0. 0376	0. 9624	0. 5129	0. 6570
2040	3029. 9035	0. 0378	0. 9622	0. 5076	0. 6490
2041	3077. 6900	0. 0385	0. 9615	0. 5035	0. 6429
2042	3131. 6349	0. 0390	0. 9610	0. 4987	0. 6311
2043	3182. 3125	0. 0399	0. 9601	0. 4909	0. 6289
2044	3287. 7219	0. 0397	0. 9603	0. 4836	0. 6153
2045	3386. 7118	0. 0401	0. 9599	0. 4778	0. 6013
2046	3482. 6622	0. 0403	0. 9597	0. 4715	0. 5969
2047	3606. 9346	0. 0404	0. 9596	0. 4664	0. 5840
2048	3715. 7294	0. 0406	0. 9594	0. 4633	0. 5703
2049	3881. 2639	0. 0407	0. 9593	0. 4601	0. 5688
2050	4272. 3145	0. 0409	0. 9591	0. 4565	0. 5578

由表 11-23 可知，2025~2050 年，西部地区水资源承载力呈先下降后增加趋势。其中 2025~2036 年西部地区水资源承载力不断下降，从 2025 年的 3440. 9790 亿立方米下降到 2036 年的 2845. 3951 亿立方米，下降了 17. 31%。2037~2050 年西部地区水资源承载力则呈上升趋势，由 2037 年的 2892. 9566 亿立方米增加到 2050 年的 4272. 3145 亿立方米，增幅 47. 68%。相对于 2025 年，2050 年西部地区水资源承载力提高了 24. 16%，表明西部地区水资源承载力提高比较明显，西部地区水资源可持续支持该区域人口、社会和经济发展的能力提高比较明显。

由表 11-23 可知，2025~2035 年，西部地区水资源进口依赖度不断提高，

2036~2043 年和 2044~2050 年西部地区水资源进口依赖度又不断上升，整体而言，2025~2050 年西部地区水资源进口依赖度趋于提高，从 2025 年的 0.0328 增加到 2050 年的 0.0409，增幅 24.70%，可见，西部地区水资源进口依赖度增幅比较明显。与之相对应的是 2025~2035 年，西部地区水资源自给率不断下降，2036~2043 年和 2044~2050 年西部地区水资源自给率又不断下降，整体而言，2025~2050 年西部地区水资源自给率趋于下降，从 2025 年的 0.9672 下降到 2050 年的 0.9591，降幅为 0.84%。

由表 11-23 可知，2025~2050 年，西部地区水资源匮乏指数呈先增加后下降趋势。其中 2025~2035 年西部地区水资源匮乏指数不断增加，从 2025 年的 0.4926 增加到 2035 年的 0.5347，增长了 8.55%。2036~2050 年西部地区水资源匮乏指数则呈下降趋势，由 2036 年的 0.5268 下降到 2050 年的 0.4565，降幅 13.34%。相对于 2025 年，2050 年西部地区水资源匮乏指数下降了 7.33%，表明西部地区水资源匮乏指数有所下降，西部地区水足迹与可用水资源量的比值有所下降。

由表 11-23 可知，2025~2050 年，西部地区水资源压力指数呈先增加后下降趋势。其中 2025~2036 年西部地区水资源压力指数不断增加，从 2025 年的 0.6040 增加到 2036 年的 0.6622，增长了 9.63%。2037~2050 年西部地区水资源压力指数则呈下降趋势，由 2037 年的 0.6605 下降到 2050 年的 0.5578，降幅 15.77%。相对 2025 年，2050 年西部地区水资源压力指数下降了 7.65%，表明西部地区水资源压力指数有所下降，西部地区内部水足迹与出口虚拟水量之和与可用水资源量的比值有所下降。

11.5.2.4 水资源可持续利用情况预测

2025~2050 年西部地区水资源可持续利用情况如表 11-24 所示。

表 11-24 2025~2050 年西部地区水资源可持续利用情况

年份	水足迹增长率（%）	水资源生态盈亏（亿立方米）	可用水资源增长指数	水资源可持续利用指数
2025	—	-1439.2915	—	—
2026	-0.4058	-1409.9479	-0.0054	0.7505
2027	-0.3712	-1385.2344	-0.0046	0.7997
2028	0.8691	-1337.0299	-0.0042	2.0734
2029	0.4754	-1290.7307	-0.0027	1.7661
2030	0.8034	-1248.8702	-0.0018	4.3620

续表

年份	水足迹增长率（%）	水资源生态盈亏（亿立方米）	可用水资源增长指数	水资源可持续利用指数
2031	0.5842	-1205.3981	-0.0022	2.6059
2032	0.5841	-1157.1364	-0.0012	4.9010
2033	0.4185	-1102.9040	-0.0020	2.1388
2034	0.7644	-1037.4893	-0.0019	3.9672
2035	0.5048	-974.7072	-0.0018	2.7187
2036	0.2962	-751.4765	-0.0011	2.6926
2037	-0.6444	-812.5314	0.0072	0.8934
2038	-0.6334	-874.2567	0.0068	0.9297
2039	-0.7167	-933.0780	0.0069	1.0390
2040	-0.7033	-991.9068	0.0067	1.0453
2041	-0.6941	-1053.8382	0.0070	0.9941
2042	-0.6105	-1120.1391	0.0069	0.8889
2043	-0.6709	-1184.3115	0.0073	0.9250
2044	-0.8954	-1307.6111	0.0067	1.3279
2045	-1.0372	-1427.1390	0.0071	1.4530
2046	-1.0647	-1543.9529	0.0069	1.5434
2047	-0.6857	-1681.5196	0.0070	0.9702
2048	-0.9390	-1808.3935	0.0074	1.2700
2049	-0.7277	-1987.8070	0.0145	0.5021
2050	-0.5671	-2389.5948	0.0217	0.2614

由表 11-24 可知，2025~2050 年，西部地区水足迹增长率整体呈现先增加后下降趋势。其中 2028~2036 年西部地区水足迹增长率均为正值，且水足迹增长率波动中下降，表明这段时间西部地区水资源可持续利用情况虽恶化，但恶化程度减轻。2037~2050 年西部地区水足迹增长率则均为负值，这段时间整体是波动中先下降后增加，说明这段时间西部地区水资源可持续利用情况有所改善，但改善程度减弱。总体而言，相对于 2025 年，2050 年西部地区水足迹增长率由正向负转变，西部地区水资源可持续利用情况有所改善。

由表 11-24 可知，2025~2050 年，西部地区水资源生态盈亏指标呈先增加后下降趋势。其中 2025~2036 年西部地区水资源生态盈亏指标不断提高，从 2025

年的-1439.2915亿立方米增加到2036年的-751.4765亿立方米，增长了47.79%，年均增长了3.31%。2037~2050年西部地区水资源生态盈亏指标则呈下降趋势，由2037年的-812.5314亿立方米下降到2050年的-2389.5948亿立方米，降幅194.09%。相对于2025年，2050年西部地区水资源生态盈亏指标也大幅下降，降幅66.03%，即西部地区区域水足迹与水资源承载力之差下降非常显著，水资源承载力与区域水足迹之差大幅提高，说明西部地区水资源可持续利用情况改善非常显著。

由表11-24可知，2025~2036年西部地区可用水资源增长指数为负，说明2025~2036年每年当年可用水资源量小于上年可用水资源量，但这段时间可用水资源增长指数整体呈上升趋势，即表明这段时间每年当年可用水资源量与上年可用水资源量之差整体缩小。2037~2050年西部地区可用水资源增长指数则为正值，由2037年的0.0072增加到2050年的0.0217，这段时间可用水资源增长指数也整体呈上升趋势，说明2037~2050年每年当年可用水资源量相较于上一年可用水资源量整体增幅提高明显。相对2026年可用水资源增长指数为-0.0054，2050年西部地区该指数大幅增加到了0.0217，即西部地区的（本年可用水资源量-上年可用水资源量）/上年可用水资源量提高非常显著，说明西部地区水资源可持续利用情况改善非常显著。

由表11-24可知，2025~2032年西部地区水资源可持续利用指数波动中提高，说明水足迹增长指数绝对值与可用水资源增长指数绝对值的比值提高，西部地区水资源可持续利用情况亟待改善；2033~2037年和2038~2050年西部地区水资源可持续利用指数均波动中下降。整体而言，相对于2025年，2050年西部地区水资源可持续利用指数下降，降幅65.17%，即西部地区水足迹增长指数绝对值与可用水资源增长指数绝对值的比值下降非常显著，说明西部地区区域水资源可持续利用能力强度提高非常显著，水资源可持续利用情况改善非常显著。

11.6 结论

一方面，本章基于该模型对城镇化水平的各单项预测值进行加权进而预测2025~2050年中国及其三大地区城镇化水平，结果发现，2025~2050年中国及其三大地区城镇化综合水平不断提高，城镇化内涵建设效果明显，新型城镇化成效

显著，但随着提高城镇化质量措施的效果逐渐减弱以及鉴于城镇化发展的内在规律，中国及其三大地区城镇化综合水平增长逐渐放缓；2025~2050 年中国及东部地区城镇化由中高速发展向中速发展再向中低速发展过渡转变，中部地区城镇化由高速发展向中高速发展再向中速发展转变，西部地区城镇化则由高速发展向中高速发展再向中低速发展转变。

另一方面，结合城镇化水平对水足迹影响时估计得到的众多系数，预测了 2025~2050 年中国及其三大地区城镇化进程下的基于水足迹视角的水资源利用量及结构、水资源利用效率、水资源安全和水资源可持续利用情况。

主要得到以下结论：

第一，在水资源利用量及结构预测方面，2025~2050 年，中国及其三大地区水足迹、农业用水水足迹、工业用水水足迹、生活用水水足迹、生态环境补水水足迹和虚拟水水足迹均先增加后下降。相对于 2025 年，2050 年中国及其三大地区水足迹、中部地区农业用水水足迹、西部地区生活用水水足迹均有所下降，中国及其东西部地区农业用水水足迹、中国及其三大地区工业用水水足迹、中国及其东部地区生活用水水足迹、中部地区生态环境补水水足迹下降均不明显，中部地区生活用水水足迹有所上升，中国及其东西部地区生态环境补水水足迹上升不明显，中国及其三大地区虚拟水水足迹上升比较明显，中国及其三大地区水污染足迹下降明显。据此，相对 2025 年，2050 年中国及其三大地区水资源利用量有所下降，水资源利用结构得到了一定的优化。

第二，在水资源利用效率预测方面，2025~2050 年，中国及其三大地区人均水足迹和水足迹土地密度先增加后下降，相对于 2025 年，2050 年中国及其东西部人均水足迹有所下降，中部地区人均水足迹下降比较明显，中国及其三大地区水足迹土地密度下降比较明显，水足迹强度下降非常明显，中国及东中部地区水足迹废弃率下降显著，西部地区水足迹废弃率下降则比较显著。据此，相对 2025 年，2050 年中国及其三大地区单位区域面积、单位 GDP 和人均消耗的水足迹下降，废水量占水足迹比重下降，清洁利用水资源能力提高，水资源利用效率提升。

第三，在水资源安全预测方面，2025~2050 年，中国及其三大地区水资源承载力先下降后增加，水资源匮乏指数和水资源压力指数先增加后下降。相对于 2025 年，2050 年中国及其三大地区水资源承载力提高较为明显，水资源可持续支持中国及其三大地区人口、社会和经济发展的能力提高较为明显。中国及中部地区水资源进口依赖度增幅明显，东西部地区水资源进口依赖度增幅比较明显。

中国及其三大地区水资源自给率下降不明显。中国及东西部地区水资源匮乏指数和水资源压力指数有所下降，中部地区水资源匮乏指数和水资源压力指数下降比较明显。据此，相对于2025年，2050年中国及其三大地区水资源承载力提高，水资源匮乏指数和压力指数下降，但水资源进口依赖度提高，自给率下降不明显，水资源安全问题依然存在。

第四，在水资源可持续利用情况预测方面，相对于2025年，2050年中国及其三大地区水足迹增长率由正向负转变，说明中国及其三大地区水资源可持续利用情况改善。2025~2050年中国及其三大地区水资源生态盈亏指标先增加后下降，相对于2025年，2050年中国及其三大地区水资源生态盈亏指标下降，说明水资源可持续利用情况改善，其中东部地区改善明显，西部地区改善非常显著。中国及其三大地区可用水资源增长指数整体趋于提高，水资源可持续利用指数下降，水资源可持续利用能力强度提高，水资源可持续利用情况改善，其中西部地区改善非常显著。

参考文献

［1］鲍超，陈小杰．中国城镇化对经济增长及用水变化的驱动效应——基于省级行政区 1997－2011 年数据的分析［J］．地理学报，2015（5）：530－544.

［2］鲍超，陈小杰．中国城镇化进程中用水效率影响因素的空间计量分析［J］．地理学报，2017（12）：1450－1462.

［3］鲍超，方创琳．河西走廊城市化与水资源利用关系的量化研究［J］．自然资源学报，2006（2）：301－310.

［4］曹飞．我国城镇化与用水效率的研究——基于空间库兹涅茨曲线拟合与研判［J］．价格理论与实践，2017（3）：163－166.

［5］曹飞．中国省域城镇化与用水结构的空间库兹涅茨曲线拟合与研判［J］．干旱区资源与环境，2017（3）：8－13.

［6］曹琦，陈兴鹏，师满江．基于 DPSIR 概念的城市水资源安全评价及调控［J］．资源科学，2012（8）：1591－1599.

［7］晁增福，张艳波，韩天红，等．阿克苏地区城镇化与水资源利用量化关系研究［J］．塔里木大学学报，2014（1）：67－71.

［8］陈智举，唐登勇．水资源足迹模型对城市水资源持续利用研究——以南京市为例［J］．中国农村水利水电，2015（3）：25－28.

［9］程先，孙然好，陈利顶，孔佩儒．基于农牧业产品和生活用水的京津冀地区水足迹时空特征研究［J］．生态学报，2018（12）：4461－4472.

［10］程永毅，沈满洪．要素禀赋、投入结构与工业用水效率——基于2002—2011 年中国地区数据的分析［J］．自然资源学报，2014，29（12）：2001－2012.

［11］单纯宇，王素芬．海河流域作物水足迹研究［J］．灌溉排水学报，2016，35（5）：50－55.

［12］邓晓军，韩龙飞，杨明楠，等．城市水足迹对比分析：以上海和重庆为例［J］．长江流域资源与环境，2014（2）：189-196.

［13］邓益斌，尹庆民．中国水资源利用效率区域差异的时空特性和动力因素分析［J］．水利经济，2015，33（3）：19-23.

［14］丁文广，卜红梅．产业结构调整对石羊河流域水资源可持续利用的影响：以民勤县为例［J］．干旱区资源与环境，2008（11）：19-23.

［15］窦燕．乌鲁木齐市城市化与水资源利用相关性研究［J］．人民黄河，2013，35（6）：63-66.

［16］段佩利，秦丽杰．基于 ESDA 的吉林省玉米生产水足迹空间分异［J］．东北师大学报（自然科学版），2015（2）：120-127.

［17］段青松，何丙辉，字淑慧，秦向东，王金霞，孙高峰．两种玉米的生产水足迹研究［J］．灌溉排水学报，2016，35（8）：78-82.

［18］樊纲，王小鲁，朱恒鹏．中国市场化指数：各地区市场化相对进程 2011 年报告［M］．北京：经济科学出版社，2012.

［19］方创琳，孙心亮．河西走廊水资源变化与城市化过程的耦合效应分析［J］．资源科学，2005，27（2）：2-9.

［20］方伟成，孙成访，郭文显．基于 LMDI 法东莞市水资源生态足迹影响因素分析［J］．水资源与水工程学报，2015，26（3）：115-117+123.

［21］冯变变，刘小芳，赵勇钢，等．山西省主要粮食作物生产水足迹研究［J］．干旱区资源与环境，2018（3）：133-137.

［22］冯兰刚，都沁军．试论城市化发展对水资源的胁迫作用——以河北省为例［J］．湖南财经高等专科学校学报，2009，25（2）：93-95.

［23］高翔，鱼腾飞，程慧波．西北地区水资源环境与城市化系统耦合的时空分异：以西陇海兰新经济带甘肃段为例［J］．干旱区地理，2010（6）：1010-1018.

［24］高媛媛，王红瑞，许新宜，高雄，史秋阳．水资源安全评价模型构建与应用——以福建省泉州市为例［J］．自然资源学报，2012（2）：204-214.

［25］耿献辉，张晓恒，宋玉兰．农业灌溉用水效率及其影响因素实证分析——基于随机前沿生产函数和新疆棉农调研数据［J］．自然资源学报，2014，29（6）：934-943.

［26］顾朝林．长江三角洲城市化未来可能出现的问题［J］．城市问题，2008（1）：6-7.

［27］关伟，赵湘宁，许淑婷．中国能源水足迹时空特征及其与水资源匹配关系［J］．资源科学，2019（11）：2008-2019.

［28］郭秀锐，杨居荣，毛显强．城市生态足迹计算与分析——以广州为例［J］．地理研究，2003（5）：654-662.

［29］韩宇平，曲唱，贾冬冬．河北省主要农作物水足迹与耗水结构分析［J］．灌溉排水学报，2019（10）：121-128.

［30］郝晋伟，冯金．快速城镇化背景下区域水资源可持续利用研究——以咸阳市为例［J］．地下水，2011，33（2）：116-118+121.

［31］姜蓓蕾，耿雷华，卞锦宇，等．中国工业用水效率水平驱动因素分析及区划研究［J］．资源科学，2014，36（11）：2231-2239.

［32］蒋元勇，章茹，丰锴斌．南昌城市化与水资源环境交互耦合作用关系分析［J］．人民长江，2014，45（14）：17-21.

［33］金巍，章恒全，王惠，尚正永，刘双双．城镇化、水资源消耗的动态演进与门槛效应［J］．北京理工大学学报（社会科学版），2018（2）：42-50.

［34］阚大学，吕连菊，叶兴娅，昝冰．中国企业家精神对水足迹影响的实证分析［J］．生态经济，2022（2）：6-12.

［35］阚大学，吕连菊．城镇化对水资源利用的非线性影响——基于面板平滑转换回归模型研究［J］．华中科技大学学报（社会科学版），2017（6）：126-134.

［36］阚大学，吕连菊．对外直接投资对水足迹影响的实证分析［J］．世界经济研究，2019（6）：124-133+136.

［37］阚大学，吕连菊．职业教育对中部地区城镇化的影响：基于城镇化质量角度的经验分析［J］．教育与经济，2014（5）：40-46.

［38］阚大学，吕连菊．职业教育对中国城镇化水平影响的实证研究［J］．中国人口科学，2014（1）：66-75+127.

［39］阚大学，吕连菊．中部地区城镇化进程下水资源利用预测研究——基于水足迹视角［J］．生态经济，2020，36（3）：99-104.

［40］阚大学，吕连菊．中国城镇化对水资源利用的影响［J］．城市问题，2018（7）：4-12.

［41］阚大学，吕连菊．中国城镇化对水资源利用的影响研究——基于水足迹视角和空间动态面板数据［J］．上海经济研究，2017（12）：37-46+84.

［42］阚大学，吕连菊．中国城镇化和水资源利用的协调性分析——基于熵

变方程法和状态协调度函数［J］．中国农业资源与区划，2019，40（12）：1-9.

［43］阚大学，吕连菊．中国对外直接投资对水资源安全影响的实证分析［J］．华中师范大学学报（自然科学版），2020，54（1）：156-163.

［44］阚大学，罗良文．外商直接投资、人力资本与城乡收入差距——基于省级面板数据的实证研究［J］．财经科学，2013（2）：110-116.

［45］雷玉桃，黄丽萍．中国工业用水效率及其影响因素的区域差异研究——基于 SFA 的省际面板数据［J］．中国软科学，2015（4）：155-164.

［46］李恒义．海河流域城镇化与水资源利用关系研究［J］．人民黄河，2013，35（2）：50-52.

［47］李华，师谦友，高楠，等．西安城市化与水资源利用关系的量化研究［J］．地域研究与开发，2012（5）：131-134.

［48］李静芝，朱翔，李景保，徐美．洞庭湖区城镇化进程与水资源利用的关系［J］．应用生态学报，2013（6）：1677-1685.

［49］李娟，刘颖，耿潇潇．河北省新型城镇化水平综合评价与区划［J］．中国农业资源与区划，2016，37（8）：110-115.

［50］李娜，孙才志，范斐．辽宁沿海经济带城市化与水资源耦合关系分析［J］．地域研究与开发，2010（4）：47-51.

［51］李宁，张建清，王磊．基于水足迹法的长江中游城市群水资源利用与经济协调发展脱钩分析［J］．中国人口·资源与环境，2017（11）：202-208.

［52］李鹏飞，张艳芳．中国水资源综合利用效率变化的结构因素和效率因素——基于 Laspeyres 指数分解模型的分析［J］．技术经济，2013，32（6）：85-91.

［53］李珊珊，马海良，侯雅如．北京市城镇化与水资源系统的动态耦合分析［J］．人民长江，2018（1）：60-64+74.

［54］李跃．基于 SFA 的我国区域水资源利用效率及影响因素分析［J］．水电能源科学，2014（12）：39-42.

［55］连素兰，何东进，纪志荣，曹彦．福建省水足迹时空分布的统计研究［J］．统计与决策，2016（16）：100-103.

［56］刘钢，王雪艳，方舟，赵爽．长江经济带水足迹字典序优化配置研究——基于“人口—城乡—就业”视角［J］．河海大学学报（哲学社会科学版），2019（1）：61-70+106-107.

［57］刘钢，吴蓉，王慧敏，黄晶．水足迹视角下水资源利用效率空间分异

分析——以长江经济带为例［J］. 软科学，2018（10）：107-111+118.

［58］刘军，朱美玲，贺诚. 新疆棉花节水技术灌溉用水效率与影响因素分析［J］. 干旱区资源与环境，2015，29（2）：115-119.

［59］龙爱华，徐中民，王新华，尚海洋. 人口、富裕及技术对2000年中国水足迹的影响［J］. 生态学报，2006（10）：3358-3365.

［60］陆建忠，崔肖林，陈晓玲. 基于综合指数法的鄱阳湖流域水资源安全评价研究［J］. 长江流域资源与环境，2015（2）：212-218.

［61］吕连菊，阚大学. 中国城镇化对水足迹效益影响的实证研究——基于城市空间动态面板数据［J］. 统计与信息论坛，2017（2）：70-77.

［62］吕素冰，马钰其，冶金祥，等. 中原城市群城市化与水资源利用量化关系研究［J］. 灌溉排水学报，2016（11）：7-12.

［63］马海良，黄德春，张继国，等. 中国近年来水资源利用效率的省际差异：技术进步还是技术效率［J］. 资源科学，2012，34（5）：794-801.

［64］马海良，黄德春，张继国. 考虑非合意产出的水资源利用效率及影响因素研究［J］. 中国人口·资源与环境，2012（10）：35-43.

［65］马海良，李珊珊，侯雅如. 河北省城镇化与水资源系统的耦合协调及预测［J］. 水利经济，2017，35（3）：37-41+76-77.

［66］马海良，徐佳，王普查. 中国城镇化进程中的水资源利用研究［J］. 资源科学，2014（2）：334-341.

［67］马骏，颜秉姝. 基于环境库兹涅茨理论的经济发展与用水效率关系形态研究——来自我国2002—2013年31个省份面板数据的证据［J］. 审计与经济研究，2016，31（4）：121-128.

［68］马远. 干旱区城镇化进程对水资源利用效率影响的实证研究——基于DEA模型与IPAT模型［J］. 技术经济，2016（4）：85-90.

［69］莫明浩，王学雷，任宪友，王慧亮，周海燕. 湖北省洪湖市生态足迹与水足迹动态分析［J］. 中国人口·资源与环境，2009，19（6）：70-74.

［70］钱文婧，贺灿飞. 中国水资源利用效率区域差异及影响因素研究［J］. 中国人口·资源与环境，2011（2）：54-60.

［71］邱国玉，张清涛. 快速城市化过程中深圳的水资源与水环境问题［J］. 河海大学学报（自然科学版），2010（6）：629-633.

［72］邵骏，欧应钧，陈金凤，郭卫. 基于水贫乏指数的长江流域水资源安全评价［J］. 长江流域资源与环境，2016（6）：889-894.

［73］沈家耀，张玲玲．环境约束下江苏省水资源利用效率的时空差异及影响因素研究［J］．水资源与水工程学报，2016，27（5）：64-69.

［74］宋培争，汪嘉杨，刘伟，余静，张碧．基于PSO优化逻辑斯蒂曲线的水资源安全评价模型［J］．自然资源学报，2016（5）：886-893.

［75］孙爱军，方先明．中国省际水资源利用效率的空间分布格局及决定因素［J］．中国人口·资源与环境，2010，20（5）：139-145.

［76］孙才志，陈栓，赵良仕．基于ESDA的中国省际水足迹强度的空间关联格局分析［J］．自然资源学报，2013，28（4）：571-582.

［77］孙才志，刘淑彬．基于MRIO模型的中国省（市）区水足迹测度及空间转移格局［J］．自然资源学报，2019（5）：945-956.

［78］孙才志，谢巍，邹玮．中国水资源利用效率驱动效应测度及空间驱动类型分析［J］．地理科学，2011，31（10）：1213-1220.

［79］孙世坤，刘文艳，刘静，等．河套灌区春小麦生产水足迹影响因子敏感性及贡献率分析［J］．中国农业科学，2016（14）：2751-2762.

［80］孙世坤，王玉宝，吴普特，赵西宁．小麦生产水足迹区域差异及归因分析［J］．农业工程学报，2015，31（13）：142-148.

［81］谭智湘，张忠学，聂堂哲．东北半干旱地区膜下滴灌玉米生产水足迹研究［J］．灌溉排水学报，2018（9）：36-42.

［82］佟金萍，马剑锋，王慧敏，等．农业用水效率与技术进步：基于中国农业面板数据的实证研究［J］．资源科学，2014，36（9）：1765-1772.

［83］佟金萍，马剑锋，王圣，等．长江流域农业用水效率研究：基于超效率DEA和Tobit模型［J］．长江流域资源与环境，2015，24（4）：603-608.

［84］王德利，赵弘，孙莉，杨维凤．首都经济圈城市化质量测度［J］．城市问题，2011（12）：16-23.

［85］王飞，李景保，陈晓，等．皖江城市带城市化与水资源环境耦合的时空变异分析［J］．水资源与水工程学报，2017，28（1）：1-6.

［86］王吉苹，薛雄志．九龙江流域城市化进程与水资源耦合关系的定量辨识［J］．厦门大学学报（自然科学版），2014，53（4）：561-567.

［87］王俭，张朝星，于英谭，李法云，马放．城市水资源生态足迹核算模型及应用——以沈阳市为例［J］．应用生态学报，2012，23（8）：2257-2262.

［88］王倩，魏巍，刘洁，赵言文．江苏省水资源利用相对效率时间分异与影响因素［J］．水土保持通报，2017（1）：72-78.

［89］王群，陆林，杨兴柱．缺水型山岳景区水资源安全影响因素分析——以黄山风景区为例［J］．干旱区资源与环境，2014（11）：48-53.

［90］王小军，蔡焕杰，张鑫，王健，王纪科，刘红英，康艳．区域水资源开发利用与城镇化关系研究——以榆林市为例［J］．水土保持研究，2008（3）：108-111.

［91］王晓娟，李周．灌溉用水效率及影响因素分析［J］．中国农村经济，2005（7）：11-18.

［92］王晓萌，黄凯，杨顺顺，等．中国产业部门水足迹演变及其影响因素分析［J］．自然资源学报，2014（12）：2114-2126.

［93］王学渊，赵连阁．中国农业用水效率及影响因素——基于1997—2006年省区面板数据的SFA分析［J］．农业经济问题，2008，29（3）：10-18.

［94］王艳阳，王会肖，蔡燕．北京市水足迹计算与分析［J］．中国生态农业学报，2011，19（4）：954-960.

［95］王洋，方创琳，王振波．中国县域城镇化水平的综合评价及类型区划分［J］．地理研究，2012，31（7）：1305-1316.

［96］王一秋，许有鹏，杜锷．城市化对水资源的影响——以南京市为例［J］．水利水电技术，2008（1）：29-31+35.

［97］王奕淇，李国平．基于水足迹的流域生态补偿标准研究——以渭河流域为例［J］．经济与管理研究，2016（11）：82-89.

［98］魏后凯，王业强，苏红键，郭叶波．中国城镇化质量综合评价报告［J］．经济研究参考，2013（31）：3-32.

［99］吴兆丹，Upmanu L，王张琪，等．基于生产视角的中国水足迹地区间差异：“总量—结构—效率”分析框架［J］．中国人口·资源与环境，2015（12）：85-94.

［100］吴志峰，胡永红，李定强，匡耀求．城市水生态足迹变化分析与模拟［J］．资源科学，2006（5）：152-156.

［101］奚旭，孙才志，赵良仕．基于IPAT-LMDI的中国水足迹变化驱动力分析［J］．水利经济，2014，32（5）：1-5+71.

［102］夏莲，石晓平，冯淑怡，曲福田．农业产业化背景下农户水资源利用效率影响因素分析［J］．中国人口·资源与环境，2013（12）：111-118.

［103］项学敏，周笑白，康晓林，王刃，周集体，杨凤林，张令．大连市旅顺口区与经济技术开发区水足迹初步研究［J］．大连理工大学学报，2009，49

(1)：28-32.

[104] 熊东旭，陈荣．南京城市化与水资源环境耦合关系实证研究［J］．河南师范大学学报（自然科学版），2015，43（5）：95-101.

[105] 徐鹏程，张兴奇．江苏省主要农作物的生产水足迹研究［J］．水资源与水工程学报，2016，27（1）：232-237.

[106] 徐绪堪，赵毅，韦庆明．中国省际水足迹强度的空间网络结构及其成因研究［J］．统计与决策，2019（7）：84-88.

[107] 许朗，黄莺．农业灌溉用水效率及其影响因素分析——基于安徽省蒙城县的实地调查［J］．资源科学，2012，34（1）：105-113.

[108] 许有鹏，于瑞宏，王一秋，罗贤．长江三角洲地区城市化对水资源与水环境的影响分析［A］//中国地理学会、南京师范大学、中国科学院南京地理与湖泊研究所、南京大学、中国科学院地理科学与资源研究所．中国地理学会2007年学术年会论文摘要集［C］．中国地理学会、南京师范大学、中国科学院南京地理与湖泊研究所、南京大学、中国科学院地理科学与资源研究所：中国地理学会，2007.

[109] 杨理智，张韧，洪梅，刘君，宋晨烨．基于云模型的我国西南边境水资源安全风险评估［J］．长江流域资源与环境，2014（1）：1-5.

[110] 杨亮，丁金宏．城镇化进程中人口因素对水资源消耗的驱动作用分析：以太湖流域为例［J］．南方人口，2014（2）：72-80.

[111] 杨骞，刘华军．污染排放约束下中国农业水资源效率的区域差异与影响因素［J］．数量经济技术经济研究，2015（1）：114-128.

[112] 杨文娟，赵荣钦，张战平，肖连刚，曹连海，王帅，杨青林．河南省不同产业碳水足迹效率研究［J］．自然资源学报，2019（1）：92-103.

[113] 杨鑫，穆月英．不同地区城镇居民收入对食品消费水足迹的影响——基于QUAIDS模型［J］．资源科学，2018（5）：1026-1039.

[114] 杨雪梅，杨太保，石培基，吴文婕，刘海猛．西北干旱地区水资源-城市化复合系统耦合效应研究：以石羊河流域为例［J］．干旱区地理，2014（1）：19-30.

[115] 杨振华，周秋文，郭跃，苏维词，张凤太．基于SPA-MC模型的岩溶地区水资源安全动态评价——以贵阳市为例［J］．中国环境科学，2017（4）：1589-1600.

[116] 尹风雨，龚波，王颖．水资源环境与城镇化发展耦合机制研究

［J］．求索，2016（1）：84-88.

［117］尹默雪，赵先贵．基于水足迹理论的内蒙古 1990—2016 年水资源评价［J］．干旱区资源与环境，2018（6）：120-125.

［118］尹庆民，邓益斌，郑慧祥子．要素市场扭曲下我国水资源利用效率提升空间测度［J］．干旱区资源与环境，2016（11）：92-97.

［119］于法稳．粮食国际贸易对区域水资源可持续利用的影响［J］．中国农村观察，2010（4）：54-62.

［120］于倩雯，吴凤平．面板数据下水资源安全的灰色聚类评估［J］．科技管理研究，2016（19）：64-69.

［121］于强，王金龙，王亚南．基于水资源足迹分析的河北省城镇化发展路径［J］．经济地理，2014（11）：69-73.

［122］曾晓燕，牟瑞芳，许顺国．城市化对区域水资源的影响［J］．资源环境与工程，2005（4）：318-322.

［123］张凡凡，张启楠，李福夺，傅汇艺，杨兴洪．中国水足迹强度空间关联格局及影响因素分析［J］．自然资源学报，2019（5）：934-944.

［124］张杰，周晓艳，李勇．要素市场扭曲抑制了中国企业 R&D？［J］．经济研究，2011（8）：78-91.

［125］张金萍，郭兵托．宁夏平原区种植结构调整对区域水资源利用效用的影响［J］．干旱区资源与环境，2010（9）：22-26.

［126］张乐勤．安徽省城镇化演进的水资源需求前景预测［J］．城市问题，2016（5）：43-49.

［127］张胜武，石培基，金淑婷．西北干旱内陆河流域城镇化与水资源环境系统耦合机理［J］．兰州大学学报（社会科学版），2013（3）：110-115.

［128］张晓晓，董锁成，李泽红，等．宁夏城镇化与水资源利用关系分析［J］．资源开发与市场，2015（6）：696-699.

［129］章恒全，李一明，张陈俊．人口、经济、产业城镇化对水资源消耗影响的动态效应及区域差异［J］．工业技术经济，2019（1）：83-90.

［130］赵红飞，方朝阳．基于虚拟水消费的郑州市水足迹计算［J］．水电能源科学，2010，28（2）：30-31+60.

［131］赵良仕，孙才志，郑德凤．中国省际水资源利用效率与空间溢出效应测度［J］．地理学报，2014，69（1）：121-133.

［132］赵良仕，孙才志，郑德凤．中国省际水足迹强度收敛的空间计量分析

[J]．生态学报，2014（5）：1085-1093.

［133］赵卫，刘景双，孔凡娥，窦晶鑫．城市化对区域生态足迹供需的影响［J］．应用生态学报，2008（1）：120-126.

［134］郑春梅．中国水足迹驱动因素空间异质性分析［J］．湖北农业科学，2019（6）：34-38.

［135］郑翔益，孙思奥，鲍超．中国城乡居民食物消费水足迹变化及影响因素［J］．干旱区资源与环境，2019（1）：17-22.

［136］郑晓雪，秦丽杰．不同降水年型吉林省中部玉米生产水足迹研究［J］．浙江农业学报，2019（5）：695-703.

［137］周文华，张克锋，王如松．城市水生态足迹研究——以北京市为例［J］．环境科学学报，2006（9）：1524-1531.

［138］周笑非．呼和浩特市城市化与水资源利用关系的量化研究［J］．中国城市经济，2011（9）：228-229.

［139］Ali A B, Hong L, Elshaikh N A, et al. Assessing Impacts of Water Harvesting Techniques on the Water Footprint of Sorghum in Western Sudan［J］. Outlook on Agriculture, 2016, 45（3）：185-191.

［140］Almulali U, Solarin S A, Sheauting L, et al. Does Moving Towards Renewable Energy Causes Water and Land Inefficiency? An Empirical Investigation［J］. Energy Policy, 2016（93）：303-314.

［141］Arellano M, Bond S. Some Tests of Specification for Panel Data：Monte Carlo Evidence and An Application to Employment Equations［J］. The Review of Economic Studies, 1991（58）：277-297.

［142］Arellano M, Bover O. Another Look at the Instrumental Variable Estimation of Error-Components Models［J］. Journal of Econometrics, 1995（68）：29-51.

［143］Babak J, Amir S M, Nasseri A A, et al. Reduction of Sugarcane Water Footprint by Controlled Drainage, in Khuzestan, Iran［J］. Irrigation and Drainage, 2017, 66（5）：884-895.

［144］Bao C, Fang C. Water Resources Flows Related to Urbanization in China：Challenges and Perspectives for Water Management and Urban Development［J］. Water Resources Management, 2012, 26（2）：531-552.

［145］Blundell R, Bond S. Initial Conditions and Moment Restrictions in Dynamic Panel Data Model [J]. Journal of Econometrics, 1998 (87): 115-143.

[146] Bocchiola D, Nana E, Soncini A. Impact of Climate Change Scenarios on Crop Yield and Water Footprint of Maize in the Po valley of Italy [J]. Agricultural Water Management, 2013 (116): 50-61.

[147] Buhaug H, Urdal H. An urbanization bomb? Population Growth and Social Disorder in Cities [J]. Global Environmental Change, 2013, 23 (1): 1-10.

[148] Cao X C, Wu M Y, Shu R, et al. Water Footprint Assessment for Crop Production Based on Field Measurements: A Case Study of Irrigated Paddy Rice in East China [J]. Science of the Total Environment, 2018 (1): 84-93.

[149] Casolani N, Liberatore L, Pattara C. Water and Carbon Footprint Perspective in Italian Durum Wheat Production [J]. Land Use Policy the International Journal Covering All Aspects of Land Use, 2016 (58): 394-402.

[150] Castellanos M T, Cartagena M C, Requejo M I, et al. Agronomic Concepts in Water Footprint Assessment: A Case of Study in A Fertirrigated Melon Crop under Semiarid Conditions [J]. Agricultural Water Management, 2016 (170): 81-90.

[151] Chenoweth J, Hadjikakou M, Zoumides C. Quantifying the Human Impact on Water Resources: A Critical Review of the Water Footprint Concept [J]. Hydrology and Earth System Sciences, 2014, 18 (6): 2325-2342.

[152] Dong H, Geng Y, Fujita T, et al. Uncovering Regional Disparity of China's Water Footprint and Inter-provincial Virtual Water Flows [J]. Science of the Total Environment, 2014 (500): 120-130.

[153] Dong H, Geng Y, Sarkis J, et al. Regional Water Footprint Evaluation in China: A Case of Liaoning [J]. Science of the Total Environment, 2013 (442): 215-224.

[154] Fulton J, Cooley H, Gleick P H. Water Footprint Outcomes and Policy Relevance Change with Scale Considered: Evidence from California [J]. Water resources management, 2014, 28 (11): 3637-3649.

[155] Ge L Q, Xie G D, Li S M, Cheng Y P, Luo Z H. The Analysis of Water Footprint of Production and Water Stress in China [J]. Journal of Resources and Ecology, 2016, 7 (5): 334-341.

[156] Giacomoni M H, Kanta L, Zechman E M. Complex Adaptive Systems Approach to Simulate the Sustainability of Water Resources and Urbanization [J]. Jour-

nal of Water Resources Planning and Management, 2013, 139 (5): 554-564.

[157] González A, Teräsvirta T, Dijk D V. Panel Amooth Transition Regression Models [R]. SSE/EFI Working Paper Series in Economics and Finance, No. 604, 2005.

[158] Govere S, Nyamangara J, Nyakatawa E Z. Climate Change and the Water Footprint of Wheat Production in Zimbabwe [J]. Water SA, 2019 (45): 513-526.

[159] Handayani W, Kristijanto A I, Hunga A I R. A Water Footprint Case Study in Jarum Village, Klaten, Indonesia: The Production of Natural-colored Batik [J]. Environment, Development and Sustainability, 2019 (21): 1919-1932.

[160] Hoekstra A Y. The Concept of Virtual Water and Its Applicability in Lebanon [A]. Proceedings of the International Expert Meeting on Virtual Water Trade, the Netherlands: UNESCO-IIIE, 2003.

[161] Jacobs J, Ligthart J, Vrijburg H. Dynamic Panel Data Models Featuring Endogenous Interaction and Spatially Correlated Errors [EB/OL]. https://ideas.repec.org/p/ays/ispwps/paper 0915.html, 2009.

[162] Jahani B, Mohammadi A S, Naseri A A, et al. Reduction of Sugarcane Water Footprint by Controlled Drainage, in Khuzestan, Iran [J]. Irrigation and Drainage, 2017, 66 (5): 884-895.

[163] Kan D X, Huang W C. An Empirical Study of the Impact of Urbanization on Industry Water Footprint in China [J]. Sustainability, 2020, 12 (6): 1-16.

[164] Kan D X, Huang W C. Empirical Study of the Impact of Outward Foreign Direct Investment on Water Footprint Benefit in China [J]. Sustainability, 2019, 11 (16): 1-21.

[165] Kaneko S, Tanaka K, Toyota. Water Efficiency of Agricultural Production in China: Regional Comparison from 1999 to 2002 [J]. International Journal of Agricultural Resources, Governance and Ecology, 2004 (3): 231-251.

[166] Lesage J, Pace A. Introduction to Spatial Econometrics [M]. Boca Raton: CRC Press, 2009.

[167] Li J S, Chen G Q. Water Footprint Assessment for Service Sector: A Case Study of Gaming Industry in Water Scarce Macao [J]. Ecological Indicators, 2014 (47): 164-170.

[168] Lovarelli D, Bacenetti J, Fiala M. Water Footprint of Crop Productions: A

Review [J] . Science of the Total Environment, 2016, 9 (1): 236-251.

[169] Martin P, Mayer T, Mayneris F. Spatial Concentration and Plant-level Productivity in France [J] . Journal of Urban Economics, 2011 (69): 182-195.

[170] Miguel A L, Van E M, Zhang G, et al. Impact of Agricultural Expansion on Water Footprint in the Amazon under Climate Change Scenarios [J] . Science of the Total Environment, 2016 (10): 1159-1173.

[171] Mohammad B M, Mcallister T, Marcos R C, et al. Modeling Future Water Footprint of Barley Production in Alberta, Canada: Implications for Water Use and Yields to 2064 [J] . Science of the Total Environment, 2018 (3): 208-222.

[172] Nouri H, Borujeni S C, Hoekstra A Y. The Blue Water Footprint of Urban Green Spaces: An Example for Adelaide, Australia [J] . Landscape and Urban Planning, 2019 (190): 1-8.

[173] Okadera T, Geng Y, Fujita T, et al. Evaluating the Water Footprint of the Energy Supply of Liaoning Province, China: A Regional Input - output Analysis Approach [J] . Energy Policy, 2015 (78): 148-157.

[174] Okadera T, Okamoto N, Watanabe M, et al. Regional Water Footprints of the Yangtze River: An Interregional Input - output Approach [J] . Economic Systems Research, 2014, 26 (4): 444-462.

[175] Miglietta P P, De Leo F, Toma P. Environmental Kuznets Curve and the Water Footprint: An Empirical Analysis [J] . Water and Environment Journal, 2016 (1): 1-11.

[176] Song J F, Chen X N. Eco-efficiency of Grain Production in China Based on Water Footprints: A Stochastic Frontier Approach [J] . Journal of Cleaner Production, 2019 (236): 1-18.

[177] Speelman S, Haese M D, Buysse J, et al. Technical Efficiency of Water Use and Its Determinants [R] . Working Paper, 2007.

[178] Srinivasan V, Seto K C, Emerson R, et al. The Impact of Urbanization on Water Vulnerability: A Coupled Human - environment System Approach for Chennai, India [J] . Global Environmental Change, 2013, 23 (1): 229-239.

[179] Tu J. Spatial Variations in the Relationships between Land Use and Water Quality across An Urbanization Gradient in the Watersheds of Northern Georgia, USA [J] . Environmental Management, 2013, 51 (1): 1-17.

[180] Vanham D, Bidoglio G. A Review on the Indicator Water Footprint for the EU28 [J]. Ecological Indicators, 2013 (26): 61-75.

[181] Wang W, Zhuo L, Li M, et al. The Effect of Development in Water-saving Irrigation Techniques on Spatial-temporal Variations in Crop Water Footprint and Benchmarking [J]. Journal of Hydrology, 2019 (577): 1-13.

[182] Wang Z, Huang K, Yang S, et al. An Input - output Approach to Evaluate the Water Footprint and Virtual Water Trade of Beijing, China [J]. Journal of Cleaner Production, 2013 (42): 172-179.

[183] Wu P, Tan M. Challenges for Sustainable Urbanization: A Case Study of Water Shortage and Water Environment Changes in Shandong, China [J]. Procedia Environmental Sciences, 2012 (13): 919-927.

[184] Xie X M, Zhang T T, Wang M, Huang Z. Impact of Shale Gas Development on Regional Water Resources in China from Water Footprint Assessment View [J]. Science of the Total Environment, 2019 (679): 317-327.

[185] Xu Y, Huang K, Yu Y, et al. Changes in Water Footprint of Crop Production in Beijing from 1978 to 2012: A Logarithmic Mean Divisia Index Decomposition Analysis [J]. Journal of Cleaner Production, 2015 (87): 180-187.

[186] Xu Z C, Chen X Z, Wu S R, Gong M M, Du Y Y, Wang J Y, Li Y K, Liu J G. Spatial- temporal Assessment of Water Footprint, Water Scarcity and Crop Water Productivity in A Major Crop Production Region [J]. Journal of Cleaner Production, 2019 (224): 375-383.

[187] Yang Z, Liu H, Xu X, et al. Applying the Water Footprint and Dynamic Structural De-composition Analysis on the Growing Water Use in China during 1997 - 2007 [J]. Ecological Indicators, 2016 (60): 634-643.

[188] Yang Z, Liu H, Yang T, et al. A Path-based Structural Decomposition Analysis of Beijing's Water Footprint Evolution [J]. Environmental Earth Sciences, 2015 (1): 1-14.

[189] Yoo S H, Lee S H, Choi J Y, et al. Estimation of Potential Water Requirements Using Water Footprint for the Target of Food Self-sufficiency in South Korea [J]. Paddy and Water Environment, 2015 (1): 1-11.

[190] Zhang C, Anadon L D. A Multi-regional Input - output Analysis of Domestic Virtual Water Trade and Provincial Water Footprint in China [J]. Ecological

Economics, 2014 (100): 159-172.

[191] Zhang J Y, Wang L C. Assessment of Water Resource Security in Chongqing City of China: What Has Been Done and What Remains to be Done? [J]. Natural Hazards, 2015, 75 (3): 2751-2772.

[192] Zhang Y, Huang K, Yu Y, et al. Impact of Climate Change and Drought Regime on Water Footprint of Crop Production: The Case of Lake Dianchi Basin, China [J]. Natural Hazards, 2015, 79 (1): 549-566.

[193] Zhang Z, Yang H, Shi M. Analyses of Water Footprint of Beijing in An Interregional Input - output Framework [J]. Ecological Economics, 2011, 70 (12): 2494-2502.

[194] Zhao C, Chen B, Hayat T, et al. Driving Force Analysis of Water Footprint Change Based on Extended Stirpat Model: Evidence from the Chinese Agricultural Sector [J]. Ecological Indicators, 2014 (47): 43-49.

[195] Zhao X, Chen B, Yang Z F. National Water Footprint in An Input - output Framework—A Case Study of China 2002 [J]. Ecological Modeling, 2009, 220 (2): 245-253.

[196] Zhao Y, Ding D Y, Si B C, Zhang Z H, Hu W, Schoenau J. Temporal Variability of Water Footprint for Cereal Production and Its Controls in Saskatchewan, Canada [J]. The Science of the Total Environment, 2019 (660): 1306-1316.

[197] Zhi Y, Yang Z F, Yin X A. Decomposition Analysis of Water Footprint Changes in A Water-limited River Basin: A Case Study of the Haihe River Basin, China [J]. Hydrology and Earth System Sciences, 2014, 18 (5): 1549-1559.

[198] Zhou P, Ang B W, Zhou D Q. Measuring Economy-wide Energy Efficiency Performance: A Parametric Frontier Approach [J]. Applied Energy, 2012 (90): 196-200.

[199] Zhuo L, Mekonnen M M, Hoekstra A Y. The Effect of Inter-annual Variability of Consumption, Production, Trade and Climate on Crop-related Green and Blue Water Footprints and Inter-regional Virtual Water Trade: A Study for China (1978-2008) [J]. Water Research, 2016 (94): 73-85.

后　记

本书的撰写得到了国家自然科学基金项目“中国城镇化对水资源利用的影响研究：基于水足迹视角”（项目编号：71764018）的资助，从章节安排、写作、修改直至定稿，得到了南昌工程学院各位领导和同事的悉心指导和帮助，经济管理出版社在本书的出版过程中付出了热切的关注和努力，在此一并郑重致谢。

我还要特别感谢我的家人，尤其是我的父亲和母亲，他们身体不好，身为人子，我只有更努力地学习和工作，才能报答双亲。感谢妻子和儿子，长路相随，所有的支持和鼓励，所有的欢欣和期盼，将永伴我心。

由于本人学识、能力有限，书稿中依然有不少不足之处，也恳请各位专家学者批评指正，以便我在今后的工作和研究中进一步完善。

阚大学

2022 年 1 月 27 日